OPULENT OCEANS

伟大的海洋

[美] 梅拉尼·L. J. 斯蒂斯尼——著　祝茜 等——译

 AMERICAN MUSEUM ᴏ̃ NATURAL HISTORY

Extraordinary Rare Book Selections from
the American Museum of Natural History Library

MELANIE L. J. STIASSNY, PHD

第 2 版

重庆大学出版社

目录

序

爱伦·V. 富特（Ellen V. Futter）

美国自然博物馆馆长

在人类历史长河中，人们一直以最基本的方式与海洋联系在一起。海洋为人类提供了生存的基本需求——食物和氧气，海洋还带来航运与贸易的巨大契机，人类文明与海洋繁荣与共。不仅如此，人的心灵会自然而然地沉浸于海洋带来的愉悦、激励和慰藉中。

这是美国自然博物馆出版的"自然的历史"（Natural Histories）系列的第三本书，让我们跟随作者来探索世上"伟大的海洋"，以及生活在海洋中的那些美丽和奇特的动物。书中内容均选自美国自然博物馆图书馆中的珍贵馆藏书，展示了一些具有重要科学意义、史上罕见、绘制精美的海洋生物，并由博物馆阿克塞尔罗德研究馆馆长（Axelrod Research Curator）梅拉尼·L. J. 斯蒂斯尼（Melanie L. J. Stiassny）博士撰写了富有启发性的文章。

确切地说，"海洋"处于美国自然博物馆的中心。宏伟的米尔斯坦家族海洋生物展厅（Milstein Family Hall of Ocean Life）位于博物馆中央，是最具有标志性和深受喜爱的展厅之一。长29米的蓝鲸——地球上最大、最壮观的生物——模型占据了展厅最重要的位置。这个展厅将游客带入了壮丽的海底世界，展示了海洋的生态和物种的多样性。该展厅中还设置了博物馆中最逼真的栖息地实景模型，描绘了安德罗斯岛的珊瑚和海平面下的珊瑚礁，以及巨型乌贼和鲸殊死搏斗的神秘场景。

米尔斯坦家族海洋生物展厅的玻璃展柜中陈列了长久以来博物馆

海洋研究积累下来的标本，包括现存鱼类、无脊椎动物、哺乳动物、海鸟、海洋古生物，斯蒂斯尼博士是这里的馆长。尽管海洋占据了地球表面的三分之二，科学家们年复一年地对其进行研究，但大部分海洋尚未得到充分的科学勘探，而那些海域的物种和栖息地都面临着环境恶化的威胁。

时至今日，水下潜艇、新型潜水装备、新成像技术为科学家们的海洋科学研究带来革命性的变化，有希望带来更多的发现和科学进步。

我们希望本书能为您揭开海洋的神秘面纱，令您沉浸在由伟大的科学家和艺术家所呈现的伟大海洋之中，激起您对海洋的好奇心，行动起来保护海洋的今天和未来！（祝茜 译）

前言

汤姆·拜恩（Tom Baione）

美国自然博物馆学术图书馆

哈罗德·伯申斯坦研究室主任（Harold Boeschenstein Director of Library Services）

美国自然博物馆的学术图书馆大约从150年前开始收集资料，我们的使命是创建一个记载科学思想和观察的世纪博物馆。自1869年以来，博物馆发生了很多变化，但图书馆的初衷从未改变，变化的是我们对地球上伟大的蓝色边界的观念。在后面的文章中您将读到博物学家、探险家和冒险家们忍受着狂风暴雨和疾病的折磨，进行早期海洋科学探索的精彩故事。他们努力探索新领地和鉴定新生物，获得了丰硕的成果，揭开了许多科学上的不解之谜，影响至今。

同样地，如今的图书出版与100多年前甚至更早之前相比，也发生了巨大的变化。与17世纪出版一本书相比，一些人或许会认为在21世纪出版一本书非常容易、简单、高效。然而无论在什么时代，将思想和图像有机结合起来进而出版一本图书都是一门艺术，需要付出巨大的人力、财力。

自然史图书馆中有我们前辈积累下来的丰富藏书，在接下来的文章中您将欣赏到其中的一部分，这些藏书代表了丰富藏书的广度和深度，需要用一生的时间去充分体会。这本书还讲述了许多杰出的科学和艺术作品的趣闻轶事，让读者沉浸于发现新奇生物的传奇故事之中。

在很多方面，一个大型图书馆与海洋有许多共同点：深奥、丰富、神秘，都有许多尚未探索的领域。当我们开始领会创造这些伟大书籍的过程时，禁不住敬畏创作者们的热情和创造力。我们不断在这些古籍中发现新信息，这些宝贵的古籍中包含了几百年来积累下来的关于我们所生存的星球和海洋的重要知识和记录，对今天的科学研究和物种保护起到了重要作用。精美的科学插图证明，美感的愉悦与科学的信息可以在物种记录上并存。我们希望这本书中的精美插图能令您耳目一新，证明时至今日这些古籍仍然焕发着巨大的生命力。（祝茜译）

导论

梅拉尼·L. J. 斯蒂斯尼博士

脊椎动物部鱼类研究室，阿克塞尔罗德研究馆馆长

1972 年 12 月，阿波罗 17 号的宇航员在月球执行任务，拍摄到人类历史上最著名的照片之一——从太空俯瞰地球那令人震惊的"蓝色弹珠"照片。顿时，我们第一次看到了我们所赖以生存的地球不仅看起来非常脆弱、渺小，而且在浩瀚的宇宙中显得那么孤单。现在我们已经知道我们的地球实际上是一个"蓝色星球"，超过 70% 的表面被海水覆盖，海水构成了一个复杂而又相互联系的三维海洋世界。人类对海洋对地球上所有生物的重要性的理解很缓慢，经过了数千年才逐渐揭开海洋的神秘面纱。

海洋探索发现的历史漫长而又充满了传奇。了解这些发现对我们来说至关重要，因为它们从根本上改变了我们对地球的认知，特别是在最近 50 年。这些发现影响深远。比如说，是海洋产生了大气中的大部分氧气，促进了碳氮循环，传递整个地球表面的热量，使人类在地球上得以生存。深海海底的核心详尽地揭示了地球气候的漫长历史。现在，不断变化的海洋化学警示我们，人类的陆地活动是如何影响地球气候的。海洋中的生物异常丰富——大量的深海珊瑚，无所不在的海底山脉星罗棋布，以及山脉上聚集的大量生物——这些都是最近才被发现的，而之前人们对其几乎一无所知。仅仅在 40 年前，科学家们才惊讶地发现在漆黑的深海热液喷口生存着大量微生物，它们能将来自裂隙地幔灼热的矿物质转化成有机物质（化学合成），成为我们地球上正在发生着的生命革命的一部分。海洋提供的适宜居住的面积大约

v

是陆地的 300 倍，是真正的生物多样性的家园，居住者包括现存最大的动物蓝鲸，以及到最近才发现的无处不在的微生物。其中微生物的种类异常丰富，一升海水中就有超过 20 000 种微生物。

大约在 2000 年前，罗马的编年史作家老普林尼十分自信地列出了海洋中存在的总共 176 个物种的名录。2010 年，来自世界各地的海洋科学工作者们共同参加了有史以来第一次、为期 10 年的海洋生物普查，估计未知（未命名）的海洋生物可能是已知的 3 倍，海洋生物的物种数量轻而易举地就可超过 100 万。的确，我们仍处在海洋发现的伟大时代中，作为此领域一名活跃的研究者，我发现研究这门学科的过去确实令人鼓舞，回顾以往的生物和一些海洋科学奠基者们的贡献，能够激励着我们勇敢地在地球海洋生物的发现之旅中不断前行。

在本书的大部分篇幅中，我重点介绍了在那极具挑战性、令人激动不已的海洋探索时代的著名人物，年代横跨 18 世纪和 19 世纪，从伟大的航海发现到人迹罕至的海域，科学家们的新发现开拓了地理学和海洋生物知识的新视野。我完全可以想象，那些随船远航的博物学家们在鉴定和描述成千上万的新物种时，有多么兴奋。随后，这些来自世界各地的标本大量涌入欧洲和美国博物馆。这也是插画师以及众多才华横溢的业余爱好者们的黄金时代。世界一流的艺术家和雕刻师们创作出了令人震惊的精美科学插画。在美国自然博物馆收藏的珍本中，我们可以看到 18—19 世纪的科学报告中充满了无数海洋新物种的精美插画。本书中出现的一些插画作品是由科学家们的妻子或女儿所创作的。尽管才华横溢，但她们从不以科学家自诩。我试图寻找一位女性的作品放入书中予以重点介绍，但由于对妇女进行科学研究（特别是野外考察）的歧视一直持续到 20 世纪末期，因此在本书选取介绍的书籍所横跨的时间段里，我没有发现一位女性博物学家的作品。

到了 20 世纪初，随着摄影技术的进步，照片开始取代精心绘制插画的方法来描述海洋新物种。从 20 世纪到现在，发现新物种的速度有增无减，用照片来描述新物种的方法固然准确，但却失去了许多书中所选科学插画的艺术韵味。基于上述原因，本书所选馆藏书籍的出版

1. 以"鱼眼"（fish eye）的视角看美国自然博物馆米尔斯坦家族海洋生物展厅中 29 米长的蓝鲸模型。

时间截至 20 世纪早期。

当然，新的发现仍在继续，随着时代的发展，历经巨大的变化，我们高兴地看到了越来越多的女性加入这一领域的研究中，我们也清醒地认识到许多巨变是由现代科学的技术设备所带来的。我们的根本使命，是去发现、描述和理解地球上生物之间复杂的相互关系，享受这个过程带给我们的兴奋。这和本书描述的早期海洋先驱者的使命一样。（祝茜 译）

书籍保护

芭芭拉·罗兹（Barbara Rhodes）

美国自然博物馆图书馆文保部主管

如果一个人把书籍看成一种资源，譬如这本《伟大的海洋》中所描述的书籍，那么他或她多少有些浪漫主义情怀。自人类学会书写和印刷术发明以来，书籍承载着人类千年来所积累的海量知识。就像保护地球上的水资源一样，当承载人类知识载体的安危受到威胁时，书籍保护也需要专业的知识、技能，以及专业培训，才能将其从危险的边缘拉回来。

从更实际的角度看，书籍是由纸、油墨、线、黏合剂和各种各样的封面材料，如皮革或布料等组成。尽管我们采取必要措施保护馆藏的古籍和文档资料，但随着时间的推移，这些材料的磨损不可避免。作为图书馆文保部的工作人员，我们必须在获取信息和妥善保存古籍两者间找到平衡。正如书籍和纸张保护专业奠基人之一保罗·班克斯（Paul Banks）在他的文章《古籍保护十法则》中所述，"没有人可以查阅不复存在的文件"。

保护者的目标不仅是保护书籍和文档中的知识内容，更要保护好承载知识内容的书籍原貌，一旦原貌有损，就不再可能复原了。虽然我们可以制作复制品，电子的或者其他形式的，但是任何复制品都不可能包含原件的所有信息。不过，我们必须强调的是复制品总比信息完全不复存在好。

现代古籍保护的方法局限于确保古籍足够结实，以便于安全搬运和学习，而且"可重新修复"——尽管任何修复方法都不可能完全可

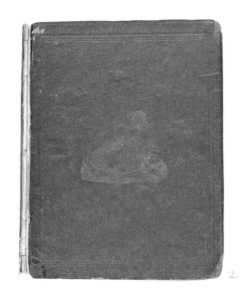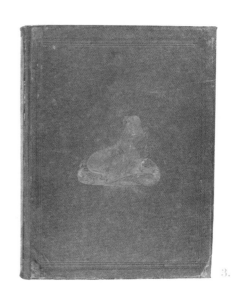

1. 查尔斯·斯卡蒙（Charles Scammon）的《海洋哺乳动物》（Marine Mammals）封面的书脊，由于修复不当，已与书完全分离开。

2.《海洋哺乳动物》的封面也和书分离，封面起皱，边角受损十分严重。

3. 修复后的书脊，用染色的棉布连接修补，边角也经过重新组装和修复。

逆。也就是说，所有经过物理处理的材料都会在某些程度上发生改变。如果必须进行物理处理，应该最低程度地修复，尽量保持古籍的原始结构。古籍保护的"全套疗程"包括拆卸、清洁表面、纸张的洗涤或脱酸、修复和复原文本、重新装订原封面或新封面。所有的修补工作都应该使用持久耐用、化学性能稳定的材料。在整个处理过程中，每个步骤都应该用文字和照片记录下来。

单独保护好每一本古籍的确很重要，但遗憾的是，单独保存一本古籍费时费钱，所以大多数图书馆更愿意将所有的藏品都保存在良好的环境下。为了最大限度、最经济地保存好藏品，大部分图书馆做了以下工作：（1）保持适当的储存条件（行业一直推崇 20℃ 恒温和 40%～50% 的相对湿度）；（2）防止霉菌和昆虫的破坏；（3）应急准备；（4）通过培训和示范，鼓励员工和用户安全操作；（5）为一些脆弱的藏品提供防护罩。

在许多情况下，防护套可以替代真正意义上的修补，特别是利用率低的古籍。合适的防护套对保存图书、小册子或文档资料是必要的，防护套可以是定制的或是商业用箱、信封或包装纸。它们不仅可以使里面的物件按原状保存，而且还能将松散的部分集中在一起，保护它们免受运输和环境的影响。有的防护套还能确保藏品不受进一步的磨损。

最后，我们来看看另外一条班克斯的古籍保护法则，他强调"保护的处理过程是阐释"。一位古籍修缮工作者虽然不可能将破损的书籍恢复原貌，但往往可以达到既实用又美观的境界，这一点对读者如何理解和对待古籍非常重要。书籍的结构和装订的历史对修缮者来说是最重要的，在此基础上，他们能创作出与书的原貌相媲美的作品，令珍贵的书籍永存。（祝茜 译）

.Lat.   *Capodoglio.*It.   *Balene.*

解密海豚的神话

作者

皮埃尔·贝隆（Pierre Belon, 1517—1564）

书名

La nature & diversité des poissons, avec leurs pourtraicts, representez au plus près du naturel (Translation of *De aquatilibus, libro duo cum conibus ad viuam ipsorum effigiem, quoad eius fieri potuit, expressis*)
(*The nature and diversity of fishes, with their portraits represented close to nature*)
《鱼类的习性和多样性》

版本

Paris: Charles Estienne, 1555

1. 贝隆时代典型的"鱼"涵盖了海洋哺乳动物，这简朴的木刻画栩栩如生地描绘了海豚科（Delphinidae）可爱的一员。

探险家、作家和博物学家皮埃尔·贝隆的一生短暂而多彩，从一位谦虚谨慎的初学者一跃成为两位法国国王最喜欢的座上宾，他是 16 世纪最著名的学者之一。贝隆出生在富勒图尔特（Foulletourte）的卢瓦尔镇附近，少时在一家药店当学徒，18 岁以药剂师的身份移居到奥弗涅（Auvergne），来到了颇具影响力的克莱蒙（Clermont）主教身边。当贝隆旅行到北欧时，他又得到了来自法国最古老家族的著名牧师雷内·杜·贝莱（René du Bellay，1500—1546）的资助，被派到维滕堡（Wittenburg），师从久负盛名的医生瓦雷里乌斯·科杜斯（Valerius Cordus，1515—1544）。贝隆陪伴科杜斯在德国旅行，一起寻找药用植物。1542 年，贝隆独自前往法国学习药学。但在得到执照可以从医之前，他却离开了，为有权有势的外交和军事领导人卡迪纳尔·弗朗索瓦·德·图尔农（Cardinal François de Tournon，1489—1562）工作。在图尔农的帮助下，贝隆于 1546 年开始航海旅行，横跨奥斯曼帝国，从希腊一直到累范特，甚至更远的地方。他旅行了 3 年多，最终于 1549 年返回法国。

为德·图尔农工作期间，在处理卡迪纳尔在罗马的家务时，贝隆遇到了德·图尔农资助的另外两人，纪尧姆·朗德勒（Guillaume Rondelet，1507—1566）和意大利人依波里托·萨尔维亚尼（Hippolito Salviani）（见 7 页）。他俩和贝隆志同道合，对于从鲸到无脊椎动物的自然史很感兴趣，特别是鱼类，当时所有的海洋哺乳动物也被列入鱼类当中。离开罗马后，贝隆返回巴黎，继续整理他此次旅行和自然史的观察结果。1551 年他的《奇特的海洋鱼类的种类发展史》（*Histoire de la nature des estranges poissons marins*）出版发行，里面第一次以插图的形式重点介绍了鲟鱼、金枪鱼以及海豚和其他海洋生物。两年后，其代表作《对在希腊、亚洲、犹太、埃及、阿拉伯和其他国家所发现的值得考究的奇特事物的观察》（*Les observations de plusieurs singularitez et choses memorables trouvées en Grèce, Asie, Judée, Egypte, Arabie et autres pays étrangèrs*）的出版为他赢得了广泛赞誉。在这本精心编著的作品中，贝隆描述了各个民族不同的习俗，古老的宗教仪式和遗址，药典和药物疗法，以及以前不被欧洲人所知的许多动物和植物。作为第一个"遍游欧洲大陆的教育旅行者"，他为即将到来的下世纪的科学探索奠定了基础。

贝隆著名的《水生生物》（*De aquatilibus*）也于 1553 年出版发行，最初由拉丁文撰写，1555 年翻译成法文后变为《鱼类的习性和多样性》。他的工作被许多人认为是现代鱼类学（研究鱼类的科学）的开始，贝隆描述和绘制了 100 多种鱼类。贝隆也绘制和探讨了许多海洋哺乳动物，包括一些海豚，还绘制了它们的胚胎和生殖系统的解剖图。他认为海豚是"有肺的鱼类"，绝不是地图所经常描绘的冒着浓烟、长着尖牙或冠羽、威胁海上船只的怪兽。

与同时代的许多作家不同，贝隆坚决主张我们应该依靠观察认识事物，而不应该成为"古老歌曲的歌手，唱歌只是习惯使然，完全没有掌握任何音乐的真谛或技巧"。他把海洋哺乳动物和陆地动物清晰地联系在了一起，对它们生殖系统的解剖和胚胎的细致描述及绘图被认为是现代胚胎学的开始。

1555 年，《鸟的种类发展史》（*L' histoire de la nature des oyseaux*）

2. 虽然许多人怀疑，但贝隆在他的书中确实描绘了一些匪夷所思的生物，如这个"海和尚"。后来，人们认为当时出现在许多其他书中的这一生物可能是某种搁浅的鱿鱼。

3. 尽管有蹼的爪显得颇为奇怪，但贝隆绘制的可爱的小动物可能是港海豹（*Phoca vitulina*）的幼体。

4. 尽管带有夸张的类似马的面部和姿态，但贝隆的插图所绘的显而易见是海马，可能是地中海的一种常见物种长吻海马（*Hippocampus guttulatus*）。

chaſſé aux riuaiges de la mer, tant pour l'uſage, que lon prend de ſa peau (que l'eau ne peult perœr, & dit lon qu'elle garde du tonnerre) comme pour œ qu'il ha la chair de gouſt de ſauuaigine.

Phoca.Gr.   Vitulus marinus.Lat.   Vecchio marino.\tal.   Veau ou loup de mer.

Hippocampus, Hippidium, Hippus en Grec & Latin, Canal marin en Francois, Falopa à Veniſe.

L'Orueul marin.

Le ſerpent qui eſtoit anciennement nommé Typhle ou Typhline, eſt maintenant veu uulgaire es iſles Ci clades, ſi ſemblable à un poiſſon, que le uulgaire Grec nôme Nerophidia, & à Marſeille Gagnold, qu'on les prendroit l'un pour l'autre. Quand œulx de Marſeille peſchent, & qu'ils ont apperçeu un tel poiſſon en leurs rets, ils eſperent auoir bien gaigné, & bon heur: c'eſt de là qu'il eſt ainſi nommé. Il eſt du tout in utile à manger. C'eſt un poiſſon de riuage, qu'on ne prend iamais à l'haim: ſa bouche eſt ſi petite, qu'à pei-

Le fabuleux Cheual de Neptune.

5.

也出版了。在这本书中，贝隆绘制了著名的一只鸟和一个人的骨骼图，它们以直立的姿势肩并肩地站在一起。贝隆把它们彼此相似的骨骼标记出来——富有先见之明地采用并排放置的形式，并首次提出了自然界的统一模式。

1556 年，法国国王亨利二世（King Henry Ⅱ）授予贝隆国家级养老金和居住在布洛涅森林（Bois de Boulogne）马德里城堡（Château de Madrid）皇宫的荣誉。亨利二世去世后，国王查尔斯九世（King Charles Ⅸ）延续了贝隆的这些权益。贝隆撰写了多种题材的文章，主题涉及农业以及古老的葬礼仪式和遗迹，他还希望将某些特别的外来植物引入法国种植。令人悲痛的是，贝隆在穿越布洛涅森林时，不明身份的袭击者杀害了这位博物学界的先驱。他当时年仅 47 岁，正值事业的巅峰期。

5. 这幅画中虚构的长有蹼的尼普顿马极像神话里的生物，贝隆旅行期间可能在罗马的马赛克图案中见过它。

《鱼类的习性和多样性》中的插图是简单的手绘彩色木版画，刻画了一系列的海洋生物，但海豚的插图或许是最令人感兴趣的，在贝隆的开创性研究之前，人们常常误以为海豚是海洋中捕风捉影的怪物。

　　海豚和鼠海豚是海洋哺乳动物，和鲸同隶属于鲸目（Cetacea，见第173页）。海豚科（Delphinidae）有32种海豚（包括虎鲸和领航鲸），鼠海豚科（Phocoenidae）有6种鼠海豚。从吻和齿的特征最容易区分海豚和鼠海豚，海豚有明显像喙一样的吻部，上有锥形齿；鼠海豚则有较短而钝的吻部，上有与众不同的铲形齿。鲸目动物像其他真兽亚纲的哺乳动物一样，胎儿通过胎盘从子宫获得营养，出生后，以母乳为食。妊娠期不等，小型海豚约为一年，虎鲸为15～18个月，是最大的海豚科动物。海豚通常一胎仅产一仔，幼豚出生的时候是尾部先出。鲸目动物皆如此，但这一点与一般情况下头部先出的哺乳动物相比显得很特别。然而，对于呼吸氧气的海洋哺乳动物来说，尾部先出顺理成章——头部先出意味着在母亲能将它推到水面进行第一次呼吸之前幼仔可能已溺水身亡。（祝茜译）

.P.4 o:.

G. Ζύγαινα.
N. L. Libella.
V. Ciambetta.

地中海之谜：双髻鲨

作者
依波里托·萨尔维亚尼（Hippolito Salviani, 1514—1572）

书名
Aquatilium animalium historiae, liber primus, cum eorumdem formis, aere excusis
(A natural history of aquatic animals. Book one, with engravings of their forms)
《水生动物的自然史：卷一，附有动物外形的版画》

版本
Romæ: Hippolyto Salviano, 1558

1. 这个漂亮的铜版雕刻着一条锤头双髻鲨（*Sphyrna zygaena*），展现了铜版雕刻技术在萨尔维亚尼开创性的工作中令人吃惊的高超水平。

依波里托·萨尔维亚尼出生在卡斯泰洛城（Città di Castello）北部的翁布里亚（Umbria）小镇。在翁布里亚完成了传统的学业后，他来到罗马学习药学，接着行医。在罗马时他对博物学产生了浓厚的兴趣，特别是鱼类。不久，萨尔维亚尼的才华就吸引了马塞罗·塞尔维尼（Cardinal Cervini，1501—1555）——教皇马塞勒斯二世（Pope Marcellus Ⅱ）的注意，他资助萨尔维亚尼沿着意大利的地中海海域进行鱼类的研究。由于赞助人是塞尔维尼，萨尔维亚尼与梵蒂冈（Vatican）建立了密切的关系，最终成为相继 3 位教皇的私人医生。教皇私人医生的身份为他赢得了很高的社会地位，除了梵蒂冈的职位和带来财富的药学主管外，他还被任命为罗马大学药学院的首席医师，他在那里一直从教至 1568 年。作为最受尊重的博物学家，"当自然界里任何生机勃勃的奇异生物来到罗马时，他总是第一时间获悉"。用这种方法萨尔维亚尼自身积累了不少生物知识来撰写文章，而不是依靠那些"老套的方法"，他宣称自己"别无所求，只为我们还没有查清的事实真相"。与他同时代的法国人皮埃尔·贝隆一样，萨尔维亚尼持之以恒的超强观察力使他成为 17 世纪启蒙运动的先驱者，萨尔维亚尼和贝隆毫无疑问地被看作是鱼类学的两位奠基人。

1558 年，萨尔维亚尼完成了典雅的对开本书籍《水生动物的自然史》两卷本，其中的内容在许多方面都独树一帜。他不再仅仅重复或修订人们习以为常的亚里士多德和普林尼的猜想，而将研究限定在他自己观察的动物身上。其中的许多动物都是他从渔民和当地市场收集而来的。他的真知灼见体现在文中的每一个物种上，他不仅记录了鱼的外部形态，还有习性、行为和繁殖、捕捉方法、营养和药用价值，甚至常常还包括了烹饪技术。他首次将"鱼"的概念从海洋哺乳动物缩减到仅包括硬骨鱼类和软骨鱼类（尽管他在著作中也对头足类动物进行了探讨）。书中的插图在当时是十分杰出的——典雅的大尺寸铜版雕刻取代了之前一直沿用的粗糙的木质版画，这也是萨尔维亚尼的开创性成就。

《水生动物的自然史》中的插图特别值得关注，88幅整版的铜版雕刻赋予了此书高度的艺术性，使萨尔维亚尼的许多题材显得栩栩如生，充满动感，这是萨尔维亚尼时代所运用的粗糙木质版画所完全缺乏的。

然而，应该指出的是，尽管格外赏心悦目、铜版精细，但描述的许多物种缺少重要的比例尺和编号，或者太格式化以至于无法确认是否是已知的地中海物种。但是许多其他物种，如漂亮的日本海鲂（*Zeus faber*）则可被轻而易举地鉴定出来，《水生动物的自然史》的确对早期地中海的鱼类学作出了巨大贡献。

　　萨尔维亚尼的艺术家身份虽鲜为人知，但萨尔维亚尼漂亮的装饰画像和某些插图被认为出自萨尔维亚尼著名的学生米开朗基罗（Michelangelo）和尼古拉斯·比阿特丽斯（Nicholas Beatrizet，1520—1560）之手。另外一些作品则来自雕刻大师安东尼·拉弗雷利（An-

2. 豪华的扉页上是萨尔维亚尼的画像，四周环绕着令人印象深刻的海洋图案和壮观的建筑。

3. 精致的日本海鲂（*Zeus faber*）是萨尔维亚尼《水生动物的自然史》中许多高质量和栩栩如生的插图中的一幅杰出代表作。

4. 和萨尔维亚尼的时代一样，现在很容易鉴定的鮟鱇（*Lophius piscatorius*）是一种常见鱼类，还可用来制作地中海著名的浓味鱼肉汤。

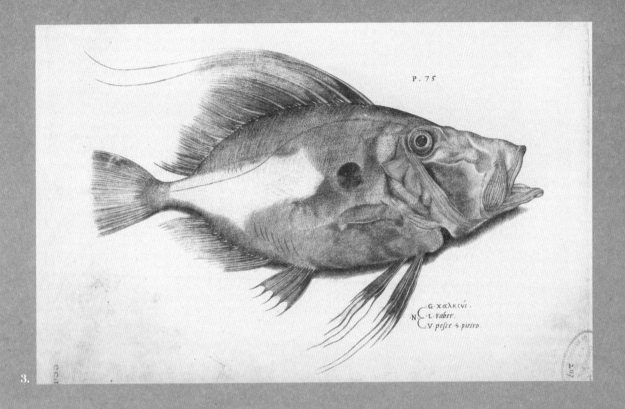

P. 75

.G. χαλκευς.
N.C.L. Faber.
C.V. pesce s. pietro.

3.

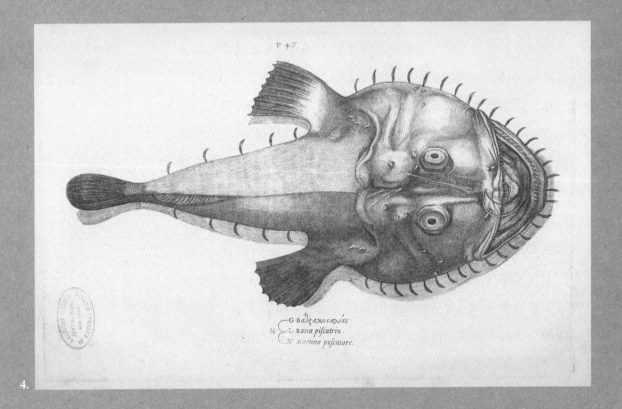

P. 47

.G. βαίραχος ραλιάς
N.C.L. Rana piscatrix.
C.V. Martino pescatore.

4.

P.39.

G. ΞιΦιας.
L. Gladius
V. Vesce Spada.

5.

toine Lafréry，1512—1577）。萨尔维亚尼自己出资出版了《水生动物的自然史》。在梵蒂冈创立期间的宏伟的作品是萨尔维亚尼的财富和权力的见证。萨尔维亚尼有意题献给他的捐助者马塞罗·塞尔维尼，但1515年5月，塞尔维尼在当选教皇马塞勒斯二世后仅仅28天就去世了。萨尔维亚尼又将《水生动物的自然史》献给了他的继承者教皇保罗四世——罗马宗教法庭的调查官。萨尔维亚尼继续从教和获利颇丰地行医，直到在罗马去世，享年58岁。

全世界已知有11种双髻鲨，都隶属于双髻鲨科（Sphyrnidae）。尽管它们与真鲨目的其他鲨鱼如虎纹猫鲨和白真鲨关系极为密切，但双髻鲨明显与众不同，扁平而侧宽的头部形成一个锤头状突。这一奇怪结构的功能尚存争议，但最新的研究证实位于锤头状突侧面末端的眼可最大限度地扩大它们的视野，使它们能同时看清上面和下面。另

5. 地中海从古时就开始捕捞的剑鱼（*Xiphias gladius*），在萨尔维亚尼时代它们的体长通常可以达到3米。

外，所有的软骨鱼类（见 98 页）都具有高度发达的电感受器，能够探测水中十分微弱的电场，锤头状突被认为提供了额外的电感受器的表面积。双髻鲨口较小，主要摄食常埋于沙中的鳐类、鱼和甲壳纲动物，因为所有动物在肌肉收缩时都会产生电场，所以锤头状突可帮助双髻鲨通过电场来定位视觉或嗅觉感觉不到的食物。

地中海发现了 3 种双髻鲨（无沟双髻鲨、长吻双髻鲨和锤头双髻鲨），萨尔维亚尼描述的物种，锤头状突的边缘光滑，第二背鳍小，可以很容易地鉴定为锤头双髻鲨（*Sphyrna zygaena*）。（祝茜 译）

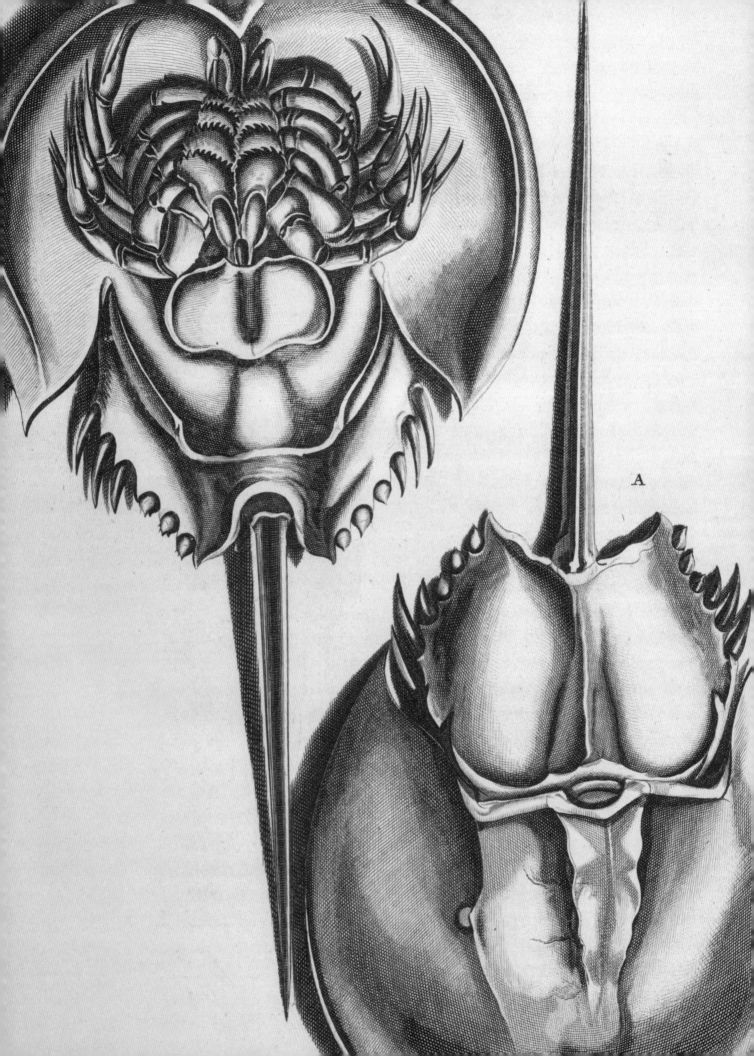

A

活化石的生命历程

作者
格奥尔格·艾伯赫·郎弗安斯（Georg Eberhard Rumphius, 1627—1702）

书名
D' Amboinsche rariteitkamer...
(The Ambonese cabinet of rarities...)
《安汶珍品陈列室》

版本
Amsterdam: F. Halma, 1705

作者
阿方斯·米尔恩-爱德华（Alphonse Milne-Edwards, 1835—1900）

书名
Recherches sur l' anatomie des Limules (Annales des sciences naturelles, 5th ser., zool. t. 17)
《鲎的解剖学研究》（自然科学年报，第五辑，动物学版，17页）（见图 3 和图 4）

版本　Paris, 1873

1. 雄性马蹄蟹用一对生殖肢快速抓住雌性在浅水区交配。郎弗安斯是一位敏锐的观察者，他的绘图清晰地描绘了一只没有生殖肢的雌性马蹄蟹。

格奥尔格·艾伯赫·郎弗安斯出生并成长于勃兰登堡–普鲁士[1]。他的父亲是此地哈瑙镇（Hanau）的一名工程师，他的母亲是克里夫斯省（Cleves）总督的姐姐，该省主要讲荷兰语，因而在他幼年时就深受德语与荷兰语的共同影响。他幼年时期有据可查的记载较少，但有一点比较确定，就是在他 24 岁时，母亲去世后不久，他去了荷兰东印度公司的军事机构工作。在 1652 年下半年，他动身去了印度尼西亚东印度群岛，并于次年 7 月到达位于巴达维亚（Batavia）（位于雅加达）的公司总部。在巴达维亚短暂停留后，他又去了马鲁古群岛（Maluku）（位于摩鹿加群岛 the Moluccas）并最终到达位于安汶岛（Ambon Island）上的荷兰人据点——安汶（Amboina）。

从 1610 年起，安汶一直是荷兰东印度公司的总部所在地，直到 1619 年，公司才把运营中心搬到爪哇岛上的巴达维亚。尽管如此，荷兰人在马鲁古群岛一直是强有力的存在，郎弗安斯也快速地一路升迁，在 1657 年成为工程师和海军少尉。到这时，他已经开始了对这一地区的植物区系、动物区系、民族志划时代的研究。日益增长的兴趣使他要求转成公司的普通职员。同年，他作为商业部门的成员搬到了位于安汶岛北部的希图（Hitu）。郎弗安斯继续认真地进行他的博物学相关研究——收集并记录每件事物。就是在这一时期他与很多欧洲的

1　勃兰登堡–普鲁士（Brandenburg-Prussia）：德国历史上的一个国家。——译者注

科学巨匠建立了一系列通信联系。尽管郎弗安斯有生之年公开发表的学术著作不多，但他的往来通信和大量标本的输送，为他确立了声望。意识到郎弗安斯工作的重要性后，荷属东印度群岛巴达维亚总督约翰·马特索科尔（Joan Maetsuycker, 1606—1678）免除了他的日常公司职责，以便他集中精力开展科学研究和民族志研究。郎弗安斯最初的兴趣集中在这一地区繁茂的植物区系上。他的代表作《安汶植物标本集》（*Herbarium Amboinense*）收录了这一地区超过 2000 多种的植物，并被后人广泛参考。这本书于 1747 年，也就是他死后近 40 年才被出版。

郎弗安斯精通拉丁语与马来语，这对于那个时代的人来讲非同寻常。他与安汶当地人相处融洽，亲密共事。当地人也为他提供标本，分享他们关于当地的动植物的习性和应用价值等重要知识。17 世纪

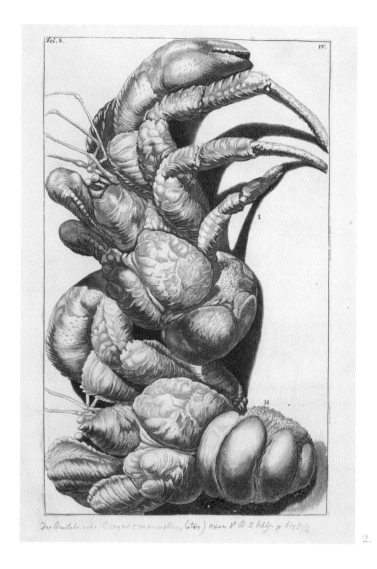

2. 椰子蟹（*Birgus latro*）体形较大，外形奇特，肉质鲜美肥嫩，是郎弗安斯最爱的甲壳纲动物之一。

60 年代后期，郎弗安斯的视力每况愈下。到 1670 年，可能由于青光眼，他完全失明了。即使这样也没有阻挡住他对探索发现的无限渴求。在他挚爱的安汶妻子苏珊娜以及大儿子的帮助下，他继续整理完善他的作品。从这时候起，他的作品开始从拉丁语转用荷兰语，大概是因为当地没有人能将他口述的拉丁语记录下来。7 年后一场地震及其引发的海啸袭击了该岛，他的妻子和长子都死于这场灾难。但郎弗安斯仍然坚持奋斗，尽管接下来他又经历了一系列的不幸，如他为《安汶植物标本集》准备的标本图解曾在一场火灾中付之一炬；之后又在回荷兰的途中遭遇沉船，而船上装有他已完成的手稿以及重新整理绘制的标本图解（万幸的是有一份副本留在了安汶）。

在郎弗安斯有生之年，他唯一被正式授予的荣誉是在1681年，他入选了德国自然探索者研究院（Germanic Academia Naturae Curiosorum）——这是历史上成立的第一所科学研究院。在入选这个社团时，为了表彰他的渊博知识和杰出贡献，他被授予"普林尼"的荣誉称号。在1705年（也就是他去世后的第三年）出版的《安汶珍品陈列室》的扉页上，"西印度群岛的普林尼"（Plinius Indicus）被正式地印在他名字的下方。

《安汶珍品陈列室》描述了各种甲壳类生物、岩礁、矿石，以及化石。与其不朽的《安汶植物标本集》相比，这部作品语言更通俗易懂。尽管如此，这部书仍然相当生动并且具有重要的历史意义。它分3部分出版，用超过60件精美的雕刻品作注解。郎弗安斯对他所见到的海洋生物的描述是翔实的，而且大部分都很精确，其中经常会包含他对一些动物行为的有趣观察。例如在他对一只印尼马蹄蟹的优美描述中，附有这样的观察内容："人们发现这些马蹄蟹经常出没于爪哇岛海滨附近，或是在低沼泽处及海滩上，并且常常出入成双，夫妻相随；雄马蹄蟹体形较小，被雌马蹄蟹置于背上拖行""爪哇人不会吃它们，他们说它们有毒，吃了会使人头晕眼花。"在记录岛上无所不在的寄生蟹时，他幽默地写道："这些好战的小东西们已让我感到悲哀，因为即使当我把各种各样的贝壳漂白，放置在高高的工作台上，它们也知道怎样在夜晚爬到那里，带走那些漂亮的贝壳，只留下它们老旧的蜕壳。"

我们很难不钦佩郎弗安斯，他背井离乡，在热带的烈日之下辛苦工作，面对数不清的损失与挫败，他依然不屈不挠，坚持探索。在1701年，他幸存的《安汶植物标本集》副本送达荷兰，附带的还有一封来自安汶总督的信。总督在信中伤感地写道："这位老先生虽已辞世，但已满足了人们对他的最大期待。"郎弗安斯或许在有生之年没有感受到别人对他的景仰和欣赏，但今天他被誉为是17世纪最伟大的热带博物学家之一。

马蹄蟹（又称皇帝蟹）曾经很长一段时间被当作和十足类动物相近的甲壳类动物（见152页）。当然，博物学家们认识到它们是非

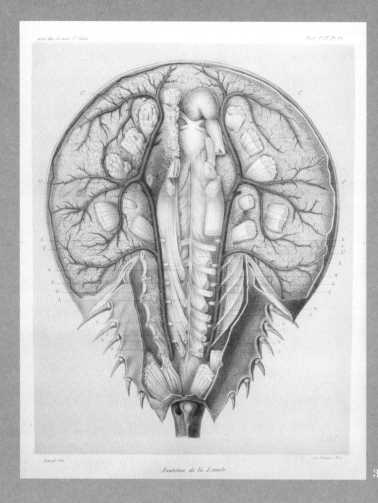

Anatomie de la Limule.

3.

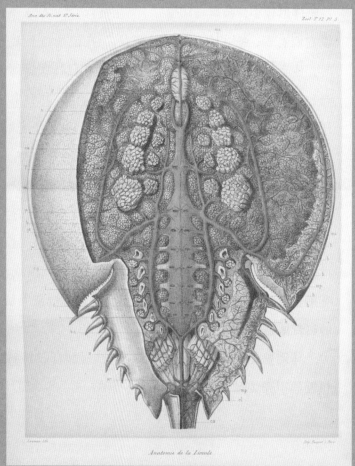

Anatomie de la Limule.

4.

常奇怪的蟹类。比如，郎弗安斯给他的爪哇岛马蹄蟹标本取名为"错位巨蟹（*Cancer perversus*）"。直到 1881 年，英国著名生物学家 E. 埃雷·兰克斯特爵士（Sir E. Ray Lankester）才提出了确凿证据证明马蹄蟹并非甲壳纲动物，而是与蛛形纲动物（蜘蛛和蝎子）有亲缘关系的海洋生物。马蹄蟹现存有 4 个种，一种见于大西洋地区，另外 3 种则见于印度洋–太平洋地区，它们是隶属于鲎科（Family Limulidae）剑尾目（Order Xiphosura）的节肢动物。它们的化石可追溯到 4.5 亿年前，而且从化石上来看，马蹄蟹的外观基本上没有什么变化，所以它们有时会被称为"活化石"。

马蹄蟹如今大部分时间生活在海底，以捕食蠕虫和软体动物为生。它们只在繁殖时上岸，每只成年雌体一次可产卵 60 000～120 000 个。许多海鸟和鱼捕食它们的卵。从这方面来讲，马蹄蟹在近海岸食物链中扮演着十分重要的角色。

1956 年，人们发现在细菌或者由细菌产生的内毒素存在的情况下，马蹄蟹中富含血蓝蛋白的血细胞会发生凝集。现在，鲎试剂（Limulus Amebocyte Lysate）被广泛应用于制药及医学产业，用来检测产品是否被污染。尽管马蹄蟹被抽血后也可能存活下来，但大量地获取野生马蹄蟹作医药用途，加上马蹄蟹的海岸繁殖地的丧失，以及渔业上常用它们做贝壳类海生动物的饵料，已经导致马蹄蟹数量的急剧减少。因此为了确保这些珍贵的"活化石"的持续繁衍，对栖息地采取保护措施以及对渔业捕捞进行限制势在必行。（张雷译，祝茜校）

3.&4. 大约在郎弗安斯之后 200 年，法国博物学家阿方斯·米尔恩–爱德华在 1873 年发表了对马蹄蟹进行解剖后的详细研究。这里红色代表了它错综复杂的动脉系统，蓝色是其静脉系统。这两幅图选自《鲎的解剖学研究》一书。

Tapia &c.

凯茨比的螃蟹

作者

马克·凯茨比（Mark Catesby, 1683—1749）

书名

The natural history of Carolina, Florida, and the Bahama island: containing the figures of birds, beasts, fishes, serpents, insects, and plants: particularly, the forest-trees, shrubs, and other plants, not hitherto described, or very incorrectly figured by authors

《卡罗来纳州、佛罗里达州和巴哈马群岛的自然史：包含鸟类、兽类、鱼类、昆虫类和植物（特别是那些森林树木、灌木丛和其他到目前为止没有被描述或者是被作者错误绘制的植物）》

版本

London: Printed at the expence of the author, and sold by W.Innys..., 1729–1747

1. 凯茨比写道：这种色彩艳丽的陆地蟹（*Gecarcinus ruricola*）是如此之多，以至于在它们繁殖迁徙途中，"它们爬过时整个地面都像在移动"。

英国探险家马克·凯茨比是一个先锋博物学家，他对早期美洲殖民地时期的风土人情进行了描述，并附有精美的插图，首次强调美洲大陆的自然奇观。他的作品和收藏以"尽其所能地使大洋彼岸的居民新奇"为目的，激发了人们对于美洲自然历史文化的极大兴趣，凯茨比因此也为后来的许多研究奠定了基础。

尽管我们对凯茨比的早期生活知之甚少，但是我们明确知道，他出生在赫汀汉堡（Castle Hedingham）一个殷实的家庭。他的父亲是一位成功的律师。他们家族在埃塞克斯郡（Essex）边界拥有一处房产，其邻居兼朋友就是杰出的博物学家兼神学家约翰·雷（John Ray，1627—1705），或许就是此人激发了凯茨比早期对自然史的热情。凯茨比20岁时，他的父亲去世了。在伦敦学习了自然史后，他便前往殖民地威廉斯堡（Williamsburg）看望他的姐姐伊丽莎白。伊丽莎白嫁给了著名医生威廉·科克（William Cocke，1672—1720），这对夫妇前往美国是因为科克被任命为弗吉尼亚殖民地的州政府秘书长。凯茨比很快进入了弗吉尼亚的上流社会，并遇见了许多在旅行与自然史方面志同道合的人，其中最著名的是威廉·伯德二世上校（William Byrd Ⅱ，1674—1774）。威廉上校是一位热情的业余博物学家和富有的里士满城的创建者。凯茨比在弗吉尼亚州四处游览，收集了许多藏品，主要为植物标本，他将它们送给朋友和在英国从事科学工作的熟人。1714年他在牙买加收集植物的标本和种子，然后返回威廉斯堡，直到 1719 年才启程返回英国。

实验园艺家托马斯·费[Thomas Fairchild，1667—1729）是其中一位收到凯茨比[成立的园艺社团成员之一。凯茨比的工作成果[殖民地得到迅速传播。由植物学界的威廉·谢拉德（[ard，1659—1728）领导的具有影响力的英国皇家学会，呼吁社[资助凯茨比回到卡罗来纳州低地（Carolina Lowcountry）——这在当时是一个几乎不为人知、充满异域风情的荒野之地。1722 年，凯茨比回到了美国。他花了 4 年时间探索卡罗来纳和佐治亚低地，然后继续南下，穿越佛罗里达州直达巴哈马群岛（Bahamas）。所到之处他都画了水彩画，并对他所见到的令人眼花缭乱的动植物做了大量的注解，而这些动植物与他在英国所见的大不相同。值得一提的是，这些艰苦的旅程大部分都是他独自跟当地导游完成的，从导游那里他收集了关于动植物习性、标本使用以及他敏锐观察到的大自然的信息。

1726 年，凯茨比回到英国，接下来 17 年的时间他都用来完成注解和绘制图画，其中包括他绘制的超过 200 幅彩色对开本铜版蚀刻画，最终编写成两卷壮观的自然史巨著：《卡罗来纳州、佛罗里达州和巴哈马群岛的自然史》，并于 1731—1743 年出版。凯茨比监督了生产制作的每一个环节，并且亲自蚀刻了每一块铜版。他为他的画和注解作了大量的插图，其中大部分注解源于他的生活阅历，只有少量引用于其他作者。一个典型的例子就是美丽的巴哈马的陆地蟹（*Gecarcinus ruricola*）以及与之同名的这篇文章，正如所注解的那样，这张蟹的图画与另一幅图画有着惊人的相似之处，甚至包括蟹腿的精确位置，这幅图是由 150 年前沃尔特·罗利（Walter Raleigh）爵士的艺术家朋友约翰·怀特（John White，1540—1593）所绘制的。在自己作品中引用他人图画在当时也是常见的，而且并不会引起不满。但使得凯茨比的绘画如此有趣的是他在准备蚀刻的过程中，加上了巴哈马当地的一种灌木枝，而这只蟹正用它的爪子紧紧抓着它。用这种方式，凯茨比的绘图避免了单调，并艺术性地暗示了这种蟹的食性，包括了这种植

2. 凯茨比的 "Suillus" 就是指绚丽的长棘毛唇隆头鱼（*Lachnolaimus maximus*），也就是西大西洋本地的一种隆头鱼（wrasse）。这种鱼以其肉质鲜美而闻名。

Suillus.

T. 75.

The Back Fin.

2.

Morœna maculata nigra.   Lithophyton &c.

3.

Cancer chelis crassioribus.

4.

3. 这只红裸胸鳝鱼（*Gymnothorax moringa*）正静候在一株海草中间，凯茨比讲到小鱼为了避免贪婪的鳝鱼的捕食，喜欢把海草的枝条当作避难所，凯茨比作品上的这种生态共存突出体现了他对本专业知识的理解。

4. 非常有意思的是，相对于乏味冗长的描述，凯茨比通过图释对这些蟹的结构注解更容易被理解。

物的果实，这一点我们从其注释中也可以知晓。

凯茨比的关于美洲动植物的著作是全面的，但他对鸟类和植物的热情最浓烈。1733 年他当选为皇家学会会员，16 年后也就是 1749 年 3 月，他把一篇具有远见卓识的题为《鸟类的迁徙》（*On Birds of Passage*）的论文呈现给社会，借此回归到他所心仪的专题上来。

1749 年 12 月，凯茨比于伦敦家中去世，但 14 年后，他的关于美洲植物学的宏伟巨著《英美植物志》（*Hortus Britanno-Americanus*）出版了。

全球有近 7 000 种蟹（brachyurans），它们是演化程度最高的十足目甲壳类动物之一（见 152 页）。尽管它们的体形各异，但大部分因具有厚厚的外骨骼和完全隐藏在胸腔的短腹部而特别容易辨认。它们身体形状大小不一，有些以寄生形式存在的蟹比一颗豌豆还小，而有些蟹类如蜘蛛蟹，蟹腿跨度可达 3.7 米。由于蟹腿的关节连接胸部，大部分蟹是横着走或跑的，但也有一些蟹，如远海梭子蟹（*Portunus pelagicus*，见 154 页）有着扁平的"桨"状的后肢，非常擅长游泳。蟹家族的地蟹科的成员们通常被称为陆地蟹，因为成年蟹大部分时间都生活在陆地上，它们白天为了避免脱水，会选择在地下洞穴中休息，晚上出来觅食果实、蔬菜和昆虫。

尽管蟹已经非常适应陆地上的生活了，但它们仍需回到大海中产卵繁殖。每年繁殖迁移期间，成千上万的蟹会从陆地穿越到海洋，凯茨比在巴哈马群岛曾观察过这样一场快意的旅程，并戏谑地指出："无论它们在前进的道路上遇到什么，它们是永远不会为房屋、教堂或任何其他挡道的东西让路的。"（张雷 译，祝茜 校）

Fig. I.

III.

III.

发现化石的证据

作者
阿戈斯蒂诺·斯希拉（Agostino Scilla, 1639—1700）

书名
De corporibus marinis lapidescentibus quæ defossa reperiuntur (On marine bodies which are found buried in stone)
《埋藏在石头里的海洋躯体》

版本
Romæ: Ex typographia linguarum orientalium Angeli Rotilii, et Philippi Bacchelli in ædibus maximorum, 1752

尽管其艺术方面的成就跟其科研成绩相比更为人知，但意大利文艺复兴时期的画家阿戈斯蒂诺·斯希拉仍然是公认的现代古生物学的创始人之一。1639 年，斯希拉出生于墨西拿（Messina）的西西里镇（Sicilian）。他从小被当作一名画家培养，并跟随巴洛克大师安德烈·萨基（Andrea Sacchi, 1599—1661）在罗马做学徒五年，之后他回到了西西里。斯希拉是一名成功的画家，擅长描绘宗教场景和教堂壁画，他的许多名作至今仍然存在。在墨西拿，他活跃于福秦学院（Accademia della Fucina）。福秦学院是文艺复兴时期著名的学术政治中心。每个星期天，成员会聚集在此，讨论文学、艺术、科学和诗歌方面的内容。

到 17 世纪中期，斯希拉对自然史产生了越来越浓厚的兴趣，尤其是对其在西西里岛腹地发现的大量化石感兴趣。他在离海边数千米的地方发现了在地表或嵌入岩石中的化石，而让他震惊的是，这些化石和他熟悉的现存海洋生物非常相似。此时，整个欧洲博物学家就化石的起源与性质正展开着激烈的争论。占主导地位的理论是由最有影响力的德国耶稣会信徒亚塔那修·基歇尔（Athanasius Kircher, 1602—1680）提出的，他认为化石并非原始生物的遗骸，而是神秘的"石化力量"（lapidifying virtue）的作用在岩石原位上形成的，因此化石没有有机成因。但是斯希拉并不认同这种理论，作为一位敏锐的观察者，他注意到这些化石跟周边水域中的贝类、海胆，以及珊瑚在很多细节

1. 海钱和海饼干是海胆的棘皮类近亲，它们喜欢生活在沙子或者海底沉积物中，其化石可以追溯到 6000 万年前。

VANAE SPECULATIONIS SENSUS MODERATOR

Roma 1951 apud Fenantium Monaldini Bibliopolam Romanum

2.

2.《埋藏在石头里的海洋躯体》中漂亮的、充满寓意的卷首插图。

3. 就像这些精美的标本一样，鲨鱼的牙齿化石是斯希拉在西西里腹地发现的众多化石之一。

4. 远在内陆搜集到的海胆类化石与生活在近海的海胆类生物如此的相似让斯希拉感到十分震惊。正是这种显而易见的相似性，让他坚定地认为化石曾是活的有机生物体。

上的相似。他不愿接受基歇尔的那种看不见的"神秘力量"，因为他所记录的这些相似是如此惊人，以至于他坚持化石就是生物的遗骸变成的石头。

1670 年，斯希拉在他唯一的科学出版物《埋藏在石头里的海洋躯体》上发表了他的成果。在文章中，他强烈地表明了化石的生命起源。作为怀疑经验论的先驱，他的哲学方法，被简明地总结在卷宗的标题页上，题为：《理智不会被无用的猜测欺骗》(*Vanae speculationis sensus moderator*)。斯希拉用"理智的"图表向"无用的猜测"展示了散

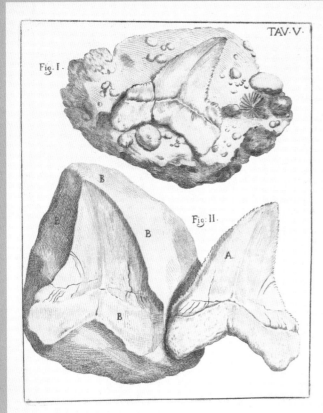

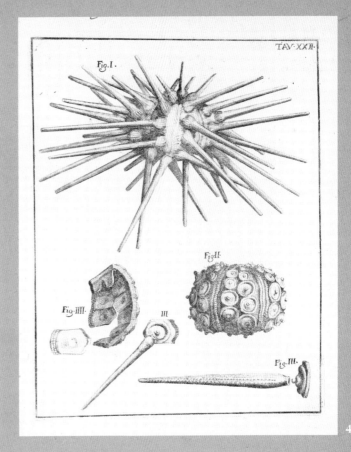

3.

4.

落在山坡上的海胆化石和鲨鱼牙齿化石的清晰有机性质。尽管他坚信化石曾是有机生物体，但他也坦率地承认他也不知道这些海洋生物是如何从遥远的海洋抵达这里的，也无法想出办法找出答案。然而他也猜想过化石是诺亚洪水或是其他一系列的洪水暴发过后沉积而形成的。

斯希拉是一位大自然的敏锐观察者，他的艺术天赋在这本书中的插画里得到了充分体现。书中大部分化石插画体现的是整个动物，主要是海胆和贝类，还有一些是珊瑚和鱼骨头化石，少量几幅是关于鲨鱼的牙齿。鲨鱼的牙齿化石通常来自欧洲，但之前从未被认作鲨鱼的牙齿化石，而是被当作一种具有魔力的物体，被称为"舌石"。"舌石"曾被当时的人们当作转化成石头的蛇的舌头，或者是一种月食期间从天上掉下来的物体，具有神奇的保护特性。斯希拉是首位正确地认出

5. 这里，斯希拉描绘的是一只灰六鳃鲨（*Hexanchus griseus*），身边放置的鲨鱼化石正是源于这一物种。

"舌石"是鲨鱼牙齿化石的学者之一，他甚至可以通过鲨鱼牙齿化石绘制出鲨鱼的不同种类。

棘皮类（Echinodermata）是海洋生物专有的门，其中包括许多我们熟悉的动物，如海胆（见 182 页）和海星（见 92 页），海百合和海蛇尾（见 40 页），以及我们不太熟悉的海参。棘皮类动物拥有与众不同的五角形对称的横剖面，尽管这一特征在成年海参和极少数的其他棘皮类动物中已不存在。海胆、海饼干和海钱一起构成了一个非常庞大的群体，被称为海胆类。海胆类有近 1000 种，通常生活于潮间带到水深 5000 米的深海。尽管它们的形状、大小各不相同，但大多数具有坚硬的骨架，或者有由棘状突起覆盖下的连锁板构成的结构。这些棘状突起有的又长又尖，如海胆；有的又短又软，摸起来如同皮肤一样，如海饼干、海钱。

在大多数海胆类动物中，口生长在体表之下，周边是五颗锋利的牙齿，这就形成了一个强有力的咀嚼器官，即所谓的"亚里士多德的灯笼"。它们大多数食用海洋藻类，但也可以吃掉一些无脊椎动物。当然，它们也是海獭和很多鱼类最喜欢的捕食对象。（张雷 译，祝茜 校）

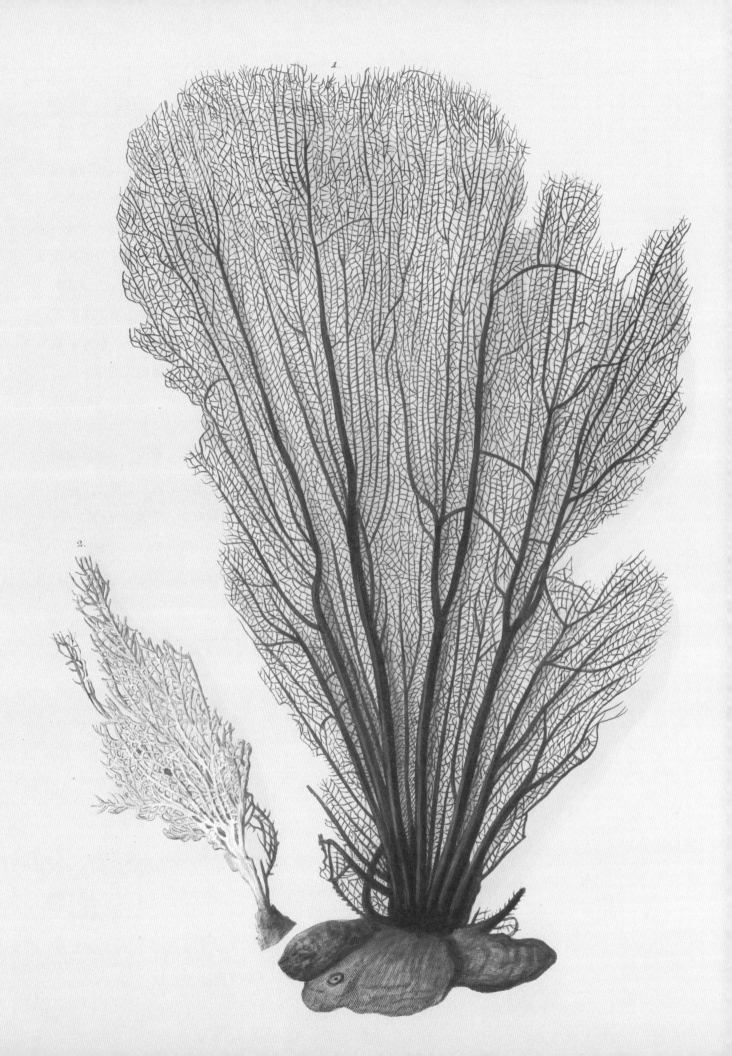

克诺尔的奇物阁和珊瑚

作者
格奥尔格·沃尔夫冈·克诺尔
（Georg Wolfgang Knorr, 1705—
1761）

书名
*Deliciae naturae selectae, oder
auserlesenes Naturalien-Cabinet
welches aus den drey Reichen der
Natur zeiget, was von curiosen
Liebhabern aufbehalten und ge-
sammlet zu warden verdienet
(Selected natural delights, or
a choice of everything that the
three kingdoms contain worthy
of the researches of a curious
amateur to form a cabinet of se-
lected natural curiosities)*
《自然景观选集》（或《对生物
三界中很有价值物种的选集，
这对于有好奇心的业余爱好者
创建奇物阁的研究很有价值》）

版本
Nürnberg, 1768

1. 海扇看起来像植物，但实际上
是与珊瑚虫及海葵亲缘关系相近
的动物。它们强壮而灵活的躯体
可以承受强洋流的冲击。有些能
长到 2 米高，存活上百年。

德国插图画家格奥尔格·沃尔夫冈·克诺尔是一位很有天赋的艺术家，也是一位很有影响力的艺术交易商和博物学书籍出版商。他出生于纽伦堡（Nuremberg）的巴伐利亚镇（Bavarian），父亲是一位技艺高超的木匠。起初他在木材交易领域做学徒，很快转向了艺术和雕刻方面，在 18 岁时，克诺尔就跟当时最有天赋的几位艺术家一起为纽伦堡的出版商和雕刻师马丁·泰诺夫（Martin Tyroff, 1704—1758）编写的著名的 4 卷本《自然世界》（*Physica Sacra*）工作。该书是由杰出的瑞士内科医生约翰内斯·雅各布·启泽（Johannes Jacob Scheuchzer，1672—1733）所著，书中包含了《圣经》中对自然世界观察的评论，以及超过 700 幅绘制精美的、充满想象力的大幅铜版画。《自然世界》出版于 1731—1735 年。此书的编写激发了克诺尔对自然世界的兴趣，随后几年，他在艺术史、出版业以及自然科学领域获得了广博的知识。

在 18 世纪后半叶，很大程度上基于杰出的内科医生及收藏家克里斯托佛·雅各布·特鲁（Cristoph Jakob Trew，1695—1769）的努力，纽伦堡成了工艺精细、绘制精美的博物学书籍的发行中心。特鲁身边汇集了一群优秀的艺术家和博物学家，克诺尔就是其中杰出的一位。在他们的共同努力下促成了很多博物学出版物的发行。在 1730 年前后，克诺尔成立了自己的出版公司，在接下来的几十年中，他发行了大量的关于人物肖像、动植物研究、自然风景以及地理构造等方

2. 克诺尔精美的卷首插图闻名遐迩，《自然景观选集》也不例外，它的卷首是一幅能让人产生共鸣的关于海洋馈赠的插图。

3. 克诺尔说，港海豹（*Phoca vitulina*）拥有小牛一样柔软的皮肤。

4. 在克诺尔时代，十分流行收藏干的全轴亚目海鞭和石珊瑚。

5. 很受欢迎的蔓蛇尾美杜莎头（*Gorgonocephalus caputmeduae*）在当时是极有价值的收藏。

6. 正如当今在海边的游客一样，18 世纪的收藏家们对仍保留着形状和颜色的干海胆外壳情有独钟。

面的出版物。他对古生物学的兴趣尤其浓厚，在 1749—1755 年出版发行了《地球古迹和自然奇迹选集》（*Sammlung von Merckwüdigkeiten der Natur und Alterthümer des Erdbodens*）。此书发行几年后，基于克诺尔对大量化石和地理构造的绘制及描述，许多地质学家参考此书来绘制地层叠压地图。大约就在这段时间，克诺尔开始致力于他最著名的出版物之一：《自然景观选集》，这本书最终由他的继承人在他去世后

3.

Ex Museo Excell. D.D. Chrift. Iac. Trew.

Christian Lienharger ab nat. pinxit.   Andreas Hoffer Sculpsit. 52.

A.VI

Ex Museo Excell. D.D. Chrift. Iac. Trew. f.f.   55.

4.

5.

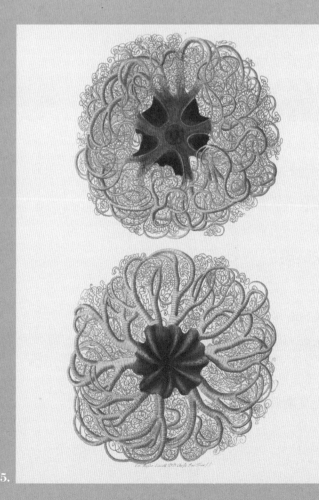

Ex Mufeo Excell. D.D. Chrift. Iac. Trew. f.f.

D

Ex Mufeo D. Ioan. Ambrofii Baueri, Pharmacopoei Norimb.
et Acad. Caefar. Leopoldino-Carol. Nat. Curiof. Socii celeberrimi.

I.F.Degle ad Nat. pinx.   I.V.Kauer sculp. 17.40.

6.

于 1766—1768 年出版。

在当时克诺尔的出版物已经成了博物学出版界的标志性代表，实质上也是"奇物阁（cabinets of curiosities）"的艺术色彩浓重的绘画代表，在当时受到了教育精英与皇室成员的追捧。91 幅华丽的、手工着色的铜版插图，有很多都是克诺尔描绘并雕刻的。这些插图描绘了各种各样的动物学和矿物学主题，尽管相应的文章都是传闻逸事，没有经过严格的科学考证，但插图依然栩栩如生。克诺尔亲手描绘的《自然景观选集》许多主题中，有些是来自特鲁的著名的奇物阁标本，有些是来自特鲁私家动物园中的动物，这些在铜版下面都标记有"Ex. Museo Excell. D. D. Chris. Jac. Trew."，其他的插图主题则来源于克诺尔熟人的收藏。当然有些也有可能是来源于其他人已出版的雕刻品。

尽管克诺尔在《自然景观选集》中对于他人的作品没有提供出处，但在当时，引用别人的插图是一种常见的行为（见 14 页）。出版于 1750—1770 年，由克诺尔促成的植物学专著《通用园艺植物》（*Thesaurus re herbariae hortensisque universalis*）也是如此，这本书同样大量参考了别人的作品而没有标明出处。

克诺尔于 1761 在纽伦堡去世，享年 56 岁。大约 4 年后，《自然景观选集》这本书的对开本第一卷出版并配有法语扩展本，其翻译及编辑工作是由埃尔朗根大学的自然史和哲学教授菲利普·路德维格·斯塔提乌斯·缪勒（Philip Ludwig Statius Müller，1725—1776）完成的。在 1777 年，这本受欢迎的著作又配以荷兰语发行。

著作中"美丽的海扇"及其配有的文字很可能是克诺尔去世后被添加上的，这幅插图由特鲁纽伦堡圈里的同行及朋友——艺术家克里斯多夫·尼古拉斯·克里曼（Christoph Nikolaus Kleeman，1737—1797）根据特鲁和编辑缪勒的收藏馆标本绘制而成。

海扇和海鞭是群体的八放珊瑚（见 140 页），有 500 多个种隶属于珊瑚虫纲全轴亚目。与石珊瑚坚硬的石灰质骨架不同，大部分全轴亚目的角质骨架基本上是由复杂的珊瑚硬蛋白（gorgonin）构成的。海扇就是由这种蛋白支撑的枝状骨架，在一个平面上呈扇形展开，海扇微小的珊瑚虫镶嵌在其角质骨架中。捕食时，每一个珊瑚虫都伸展开八条触角过滤在洋流中漂游的浮游生物。很多全轴亚目珊瑚的组织也为具有光合作用的共栖藻类（腰鞭毛虫）提供了家园，而后者也为其宿主提供了额外的养分。

海扇存在于热带和亚热带海洋中，不同于很多其他的八放珊瑚及石珊瑚会把自己附着在坚硬的基质上，它们习惯把自己根植在沙子或者淤泥里。每个个体的大小和形状会受到其位置的严重影响：在浅水区，强洋流占主导地位，这里的海扇跟位于平静深水区的海扇相比一般比较矮而宽。海扇是珊瑚礁生态系统的重要组成部分，为很多海洋生物如海蛇尾、海马（见 128 页）等提供了庇护所，它们也经常被群居的水螅虫类、海绵动物及其他的珊瑚虫类当成保护壳。（张雷 译，祝茜 校）

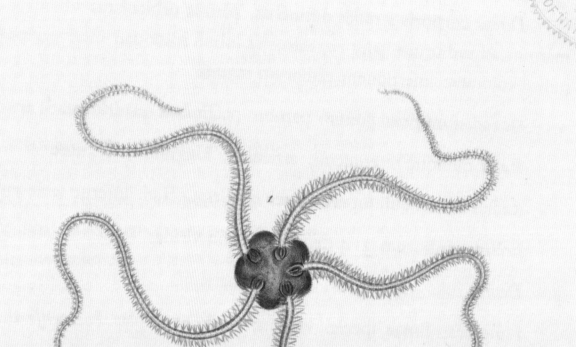

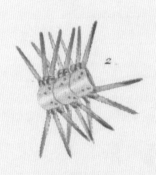

Zool.D.Tab.XCVII

海蛇尾的灵活性

作者

奥托·弗雷德里克·缪勒（Otto Frederik Müller, 1730—1784）

书名

Zoologia danica, seu Animalium Daniae et Norvegiae rariorum ac minus notorum descriptiones et historia

(Danish zoology, or description and history of the rare or less well-known animals of Denmark and Norway)

《丹麦动物志，或对丹麦和挪威罕见的或者是不知名的动物的描述和历史记录》（以下简称《丹麦动物志》）

版本

Havniae: Typis N. Mölleri...,
1788-1806

1. 人们在海底深处发现了大量类似的色彩艳丽的三色海蛇尾，在某些区域，甚至有成千上万的个体聚集在洋底。

奥托·弗雷德里克·缪勒作为丹麦海洋生物学家及植物学家的先驱，一开始默默无闻，最后却成为丹麦科学界的重要人物之一。让·利奥波德·尼古拉斯·弗雷德里克·居维叶（Jean Léopold Nicolas Frédéric Cuvier，1769—1832），也常被称为乔治·居维叶（George Cuvier）或巴伦·居维叶（Baron Cuvier），认为缪勒应排在"那些用原创的观察研究丰富了科学的博物学家们的首列"。缪勒出生于哥本哈根，他的父亲是一名宫廷乐师，他没有多少时间和金钱能投入在缪勒的教育上。因此缪勒在 12 岁时就被送去北海岸的日德兰半岛（Jutland）跟他叔叔住在一起。在其叔叔的引导下，他学习了历史和音乐，并成为一名优秀的学生。

回到哥本哈根后，缪勒进入哥本哈根大学，先是学习神学后来又专修法律，但经济上的困难迫使他不得不在 1748 年离开学校并成为一名音乐师去谋生。然而他的命运在 1753 年发生了改变，那时他被指定为费德瑞克斯达尔（Frederiksdal）的已故斯库林伯爵（Count Schulin，1694—1750）儿子的家庭教师。在接下来的 16 年直到斯库林伯爵夫人去世前，缪勒都跟她家人待在一起，冬天住在哥本哈根，夏天就到费德瑞克斯达尔富勒斯（Furesø）湖畔的伯爵家里。斯库林伯爵夫人是一位热心的业余博物学家，就是她激发了缪勒对自然史的兴趣，缪勒就是在费德瑞克斯达尔的这段时间开始了他的自然史研究。

缪勒的第一部动物学作品《弗利德里西昆虫志》（*Fauna Insectori-*

um Friedrichsdaliana）是关于这一地区的昆虫的，出版于 1764 年。很快他与伯爵夫人的儿子一起踏上了去欧洲中部及南部的旅程，在那里他遇见了多位欧洲大陆的科学巨匠。回到费德瑞克斯达尔后，他完成了一个当地的植物群集——《弗利德里西植物志》（*Flora Friedrichsdaliana*），并于 1767 年将其出版。这一植物集的发行引起了国王费德瑞克五世（King Frederick V）的兴趣，于是他委派缪勒进行具有里程碑意义的《丹麦植物志》（*Flora of Denmark*）的编写工作。这项工作得到了丹麦皇室的资助，缪勒完成了其中 5 个分册。直到 1883 年才完成的《丹麦植物志》是多位作者编写的一本巨著。

1769 年，在他的恩人斯库林伯爵夫人去世后，他承担了一系列的政府工作。尽管在这期间他继续发表了一些重要的科学论文，但公务占用了他很多时间。幸运的是，这种情形在 1773 年得到了改观。他入赘到富有的帕卢丹家族（Paludan），从而得以辞掉政府部门的工作，全身心地投入自然史的研究工作中。在和安娜·凯瑟琳娜（Anna Catharina）结婚后，他获得了一处房产，这处房产位于靠近挪威的德洛巴克（Drøbak）地区的奥斯陆峡湾（Kristianafjord）。在 1773—1778 年，缪勒大部分时间都待在这里研究从峡湾里捞取的丰富的海洋生物，与此同时，他对丹麦和荷兰海岸水域也作了同样的研究。在这期间，缪勒对海洋无脊椎动物产生了浓厚的兴趣，尤其着迷于那些令人眼花缭乱、在当时被称为"纤毛虫类"（infusoria）的微小生物体。他对这些微小生物体的描述及分类被广泛认为是他最重要的成就之一。

1776 年，缪勒的《丹麦动物学绪论》（*Zoologiae danicae prodromus*）出版发行，这是对他所发现的海洋生物的一个初步总结，书中对 3000 多个自然物种进行了分类。到 1777 年，他的代表作《丹麦动物志，或对丹麦和挪威罕见的或者是不知名的动物的描述和历史记录》已开始编写。缪勒本计划将这本书作为本地区海洋生物的纲要，就像《丹麦植物志》是丹麦的植物纲要一样，但他只完成其中两卷就去世了。随后在彼得·克里斯丁·阿比尔高（Peter Christian Abildgaard, 1740—1801）的指导下，这一工作得以继续，并在 1788—1806 年以

2. 尽管这些微小的水螅虫类（*Clava multicornis*）仅有 25 毫米，缪勒的插图在解剖结构上已经相当精确了。

3. 就像这些麦秆虫（*Caprella linearis*）一样，骷髅虾是软体端足类甲壳纲动物。雌体把受精卵存放于卵袋中，幼体和成体均有此结构。尽管雄体和雌体差异很大，但缪勒辨认出了雄体也属于同一物种。

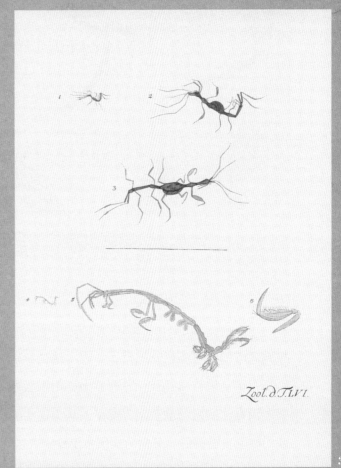

2.

3.

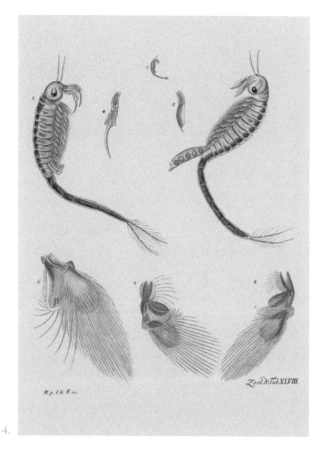

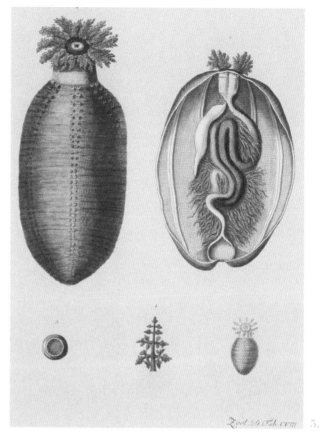

充满插图的对开本形式发行了 4 卷。这些卷宗记述了一系列的海洋生物，很多是被首次提及，并配有 160 幅铜版雕刻的插图。这些插图中很多没有注明画家的名字，很多人认为这些插图是缪勒作为一个有天赋的画家自己画的。其他的插图是由丹麦著名画家、雕刻家 I. G. 弗雷德里奇（I. G. Fridrich）及缪勒的弟弟克里斯汀·弗雷德里奇·缪勒（Christian Frederik Müller，1744—1814）完成的。缪勒的弟弟帮助完成了此书的最后一卷。1784 年 12 月，奥托·缪勒在其事业巅峰时在哥本哈根去世。他去世后，除了《丹麦动物志》得以发表外，其他很多重要的作品也相继面世，其中最著名的是关于微小生物体及浮游甲壳纲动物的相关作品。

在《丹麦动物志》所罗列的各类动物中，有大量的棘皮动物（见 184 页），尤其是海蛇尾类，如文中就配有精美的铜版插图三色海蛇尾。海蛇尾属于蛇尾纲（Class Ophiurodea），有近 2000 种分布在世

4. 缪勒在《丹麦动物志》中也描述了一些淡水物种，如无甲目丰年虫（*Chirocephalus diaphanous*），它们生活在季节性的池塘中，它们的卵能够承受池塘的无水期。

5. 橙足海参（*Cucumaria frondosa*）是北大西洋一种丰富的物种。缪勒在论文中对此进行了细分并描述了海参棘皮类的单性腺特征。

界各大洋中。其中大约有1200种只生活在超过200米的深海水域。很有可能，缪勒所发现的大部分海蛇尾是来自他从奥斯陆峡湾深水域中用于取样的采样器中。

与海星不同，海蛇尾具有灵活细长的腿，它的腿受肌肉支配，由一系列的球窝关节所连接在一起的碳酸钙板支撑，从而确保它们能够在海底自由而快速地游动。像很多其他的棘皮动物一样，它的口位于中心盘的下面，周围有5颗尖锐的牙齿（又称：亚里士多德的灯笼）用来碾碎它们的猎物，它们平时喜欢捕食作为海底清道夫的有机微生物、小的甲壳纲动物和蠕虫，同时它们也是蟹、海星，甚至其他海蛇尾的捕食对象。（张雷 译，祝茜 校）

Fig. 1.

Fig. 2.

Fig. 3.

C. G. Geve pinx.

画家笔下的鹦鹉螺

作者

尼古拉斯·乔治·格夫（Nicolaus Georg Geve）

书名

Belustigung im Reiche der Natur. Erster Band aus den Papieren des Verstorbenen vollendet durch Johannes Dominicus Schultze (Amusement in nature's kingdom. First volume of the papers from the late Nicolaus Georg Geve completed by John Dominicus Schultze)

《自然王国里的乐趣（由约翰·多米尼克·舒尔茨完成已故的尼古拉斯·乔治·格夫论文的第一卷）》（以下简称《自然王国里的乐趣》）

版本

Hamburg: Bey den Gebrüdern Herold, 1790

1. 几个世纪以来，有着美丽颜色和对称性的鹦鹉螺壳吸引着艺术家和数学家，在文艺复兴时期鹦鹉螺壳也受到收藏家的青睐。

18世纪德国汉堡（Hamburg）的艺术家和画家尼古拉斯·乔治·格夫鲜为人知，甚至连他的生卒时间也未有记载。可以确定的是他曾经到哥本哈根旅行，在那里成为让·塞缪尔·德·瓦尔（Jean Samuel de Wahl）的学生，而后者是丹麦的宫廷画家，也是位于哥本哈根的丹麦珍品博物馆的馆长，而后他又返回汉堡继续从事艺术工作。很有可能正是跟随德·瓦尔做学徒期间，格夫在两方面取得了造诣：一是绘画方面；一是对自然物，特别是带壳的软体动物和头足类动物进行精美的铜版刻画的备材方面。出版于1790年的《自然王国里的乐趣》，正如书名全称所描述的那样，是一本在作者逝世后出版的著作。这本带有精美插图的纲要，是第一本在德国出版的、描述贝壳类生物、具有启发意义的著作，内容是基于英年早逝的格夫的描写和精心准备好的铜版画。

1755年，格夫宣称要以月刊的形式发表他的发现和铜版画，所有内容最终将被编辑成4卷。第一卷描述的是所有的单壳类生物；第二卷是双壳类和多瓣贝类；第三卷是关于海胆和海星的；第四卷是关于珊瑚和海洋植物的描述。不幸的是，格夫没有完成他的心愿，尽管订阅者确实收到了一些版画，但这几册书最终没能成形，整个计划也流产了。格夫逝世后，出版商布拉泽斯·赫罗尔德（Brothers Herold）从他的继承人手中购买了他的33张铜版画和一些论述。汉堡的内科医生和博物学家约翰·多米尼克·舒尔茨（Johann Dominik Schultze,

1752—1790）受委托来完成这项任务以便于出版。在《自然王国里的乐趣》的前言中，舒尔茨对格夫描述内容的科学性不屑一顾，却大加赞扬插图的准确性和版画的优雅自然。舒尔茨为购买中遗失的部分作了补充，重写了某些章节，也进行了重新分类使其更符合现代的分类标准，还冒险"把我的名字加进书的标题中，因为我为之付出了劳动"（译自德语前言）。

带有 18 张精美插图的论述，在某种程度上符合格夫的单壳——最主要的海洋腹足类的最初概念，其中一些极好地诠释了带壳的头足类动物。41 年后的 1831 年，格夫剩余的 15 张关于单壳类的铜版画出版了，而这 15 张铜版画是作者弗里德里希·巴克曼（Friedrich Bachmann）以尼古拉斯·乔治·格夫收藏的壳类标本为基础进行大刀阔斧的修订而成。

鹦鹉螺与乌贼、章鱼以及这一相关家族有着非同寻常的亲缘关系。尽管鹦鹉螺目生物的化石已广为人知，但现在这一类的代表仅仅是生活在太平洋和印度洋深水中的少数物种。与其他现存的头足类动物不同，漂亮的外壳是鹦鹉螺物种最鲜明的特点，其内部分成很多浮室，这些浮室靠一根体管相连，允许气体进出，从而决定浮力的大小。而动物则生活在最大最新近形成的一个室中。和大部分的头足类动物一样，鹦鹉螺依靠喷射推进，靠无数的触须觅食（触须缺少吸盘却排列着带有胶黏剂的褶皱），主要捕食甲壳类动物。鹦鹉螺的外壳因为其极完美的对称性（高登或对数螺旋）和色彩而被推崇。（刘雪芹 译，祝茜 校）

2. 由格夫绘制的 18 张插图中的大部分描述的是色彩丰富的腹足类海洋贝类，比如这里挑选的纽扣玉螺。

3. 船蛸属软体动物的壳实际上是深海章鱼的卵囊。雌性船蛸属章鱼分泌出像纸一样薄的卵囊，当它产卵时用卵囊包裹住身体。

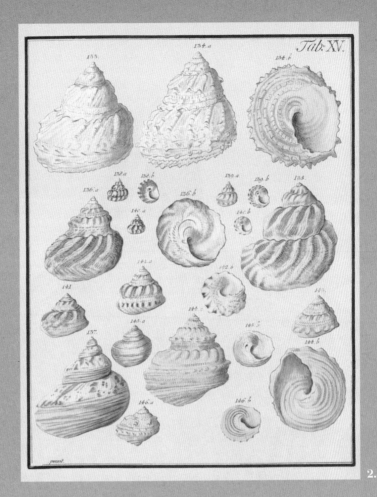

Tab. XV.

2.

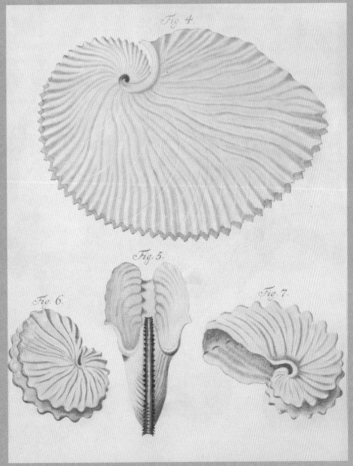

Fig. 4.

Fig. 5.

Fig. 6.

Fig. 7.

3.

Teſtudo imbricata Linn.

北美和巴哈马群岛的龟类

作者
约翰·戴维·绍普夫（Johann David Schöpf, 1752—1800）

书名
Historia testudinum iconibus illustrata
(*Illustrated history of turtles*)
《图述龟类的生活史》

版本
Erlangae: I. I. Palm, 1792–1801

1. 玳瑁（*Eretmochelys imbricata*）因其美丽的外壳已经被捕杀了几千年。如今玳瑁受到国际公约的保护，但令人悲哀的是，世界各地的玳瑁仍处于高度濒临灭绝的境地。

约翰·戴维·绍普夫是早期博学多才的旅行者之一，曾冒险穿过美国。作为一名训练有素的内科医生和有着广泛爱好的博物学家，绍普夫掌握甚至精通所有的科学分支学科。除了大量的医学著作之外，他还发表了关于人种学、气象学、植物学、动物学和地质学的著作，而这些著作也极具影响力。

绍普夫出生在文西德尔（Wunsiedel）一个古老而受人尊敬的家族，其出生地当时是安斯巴赫-拜罗伊特（Ansbach-Bayreuth）的巴伐利亚封地的一部分。他受教于私人教师，后来进入埃朗根大学学习。在被埃朗根大学录取之后，他又在柏林学习了一小段时间。在柏林时，他 21 岁，患上了葡萄肿，右眼被摘除了。绍普夫给他的一位朋友写信时，竟乐观地描述这次可怕的手术，诙谐地调侃他的新涂珐琅质假眼，并使他的朋友确信在这只假眼的帮助下，他会取得更大的成功。从瑞士旅行回来之后，他开始在埃朗根撰写医学论文，然后在当地一家孤儿院当内科医生。当他正准备到印度去旅行时，安斯巴赫-拜罗伊特侯爵召唤他随德国黑森雇佣军到美洲，在那里与英国军队并肩作战。

绍普夫于 1777 年之夏到达纽约，在斯塔顿岛（Staten Island）驻扎，照料刚到的筋疲力尽的德国军队。他写道："这块漂亮的土地很快变成了我们许多人的坟墓。"纽约潮湿的夏天使痢疾和霍乱横行，许多战士未战先死。绍普夫开始研究他所处的新环境，并写了一系列的文章，如《论北美洲疾病》《论北美洲的气候和大气条件》和《罂粟花汁对梅毒的效果》。这些文章都收入他首次出版的著作之中。

1782 年春天，和平协议已初步签订，德国军队踏上了返乡之路。绍普夫向侯爵请愿留在美国，1783 年 7 月，他旅行穿过了宾夕法尼亚、俄亥俄州、马里兰、弗吉尼亚、南北卡罗来纳州、佛罗里达，最后到了巴哈马。每到一处，他遍访当地的民众：地主、奴隶或者是美洲土著。除了医学和人种的研究之外，绍普夫作了细致入微的观察，收集了生物和地质样本。1784 年 6 月，绍普夫离开了巴哈马，乘"英雄号"经海上返回欧洲。在横跨大西洋的 30 天里，英雄号多次遭遇暴风雨，绍普夫并没有被困难吓倒，归途中他继续观察，并被往欧洲洄游的大量海龟所深深地吸引。

回到拜罗伊特（Bayreuth）后，绍普夫成为侯爵和皇家的内科医生，但他仍抽空发表了大量关于他在美洲的发现的著作。1787 年他出版了一本非常有影响力的关于药用植物的纲要：《美国本土药用植物纲要》（*Materia medica americana potissimum regni vegetabilis*）。一年后，两本关于他在北美旅行的书也出版了（在 123 年后其英文版《在美国十三州联邦旅行》出版）。1789 年他当选为帝国学院利奥波第那科学院（Leopoldina）——前身为自然好奇心学院（Academia Naturae Curiosorum）——的委员，同年 8 月另一名伟大的德国博物学家格奥尔格·郎弗安斯（见 13 页）也受此殊荣进入了该学院。当郎弗安斯被尊称为"普林尼（Plinius）"的时候，绍普夫也被尊称为"美洲 Ⅱ"（Americanus Ⅱ）。

绍普夫继续他对博物学知识的汇编，回忆他在英雄号上的观察内容，开始整理关于陆龟和水龟的内容。他与无数的爬虫学专家通信，并于 1792 年出版了《图述龟类的生活史》的第一部分。接下来的几年，其余的部分陆续出版，令人难过的是，绍普夫并没能活着见证第四部分和第五部分的出版。这两部分于 1800 年在他逝世后一年出版。《图述龟类的生活史》是一部长篇巨著，绍普夫在书中详细描述和探讨了 33 种陆龟和水龟，包括 3 种他特别感兴趣的海龟。伴随着这部著作同时问世的 34 张铜版画的作者是著名的插图画家和博物学家弗里德

2. 从图中可以看出，玳瑁展示了形成腹甲的图案。海龟为了适应海洋进行了高度的进化，它们的鳍状肢不能够缩回壳中得到保护。

3. 刚孵化出的小海龟，从上到下依次是：玳瑁、绿海龟和红海龟。雌海龟到岸上筑巢，一旦产完卵，雌海龟会返回到海洋中，而它留下的卵在未受任何保护的情况下自行孵化。小海龟的性别取决于孵化时的温度。

Testudo imbricata Linn.

2.

Tab. XVII.

Fig. 1. *Testudo imbricata Linn.* Fig. 2. *Testudo Mydas Linn.*
Fig. 3. *Testudo Caretta Linn.*

3.

Tab. XVI.

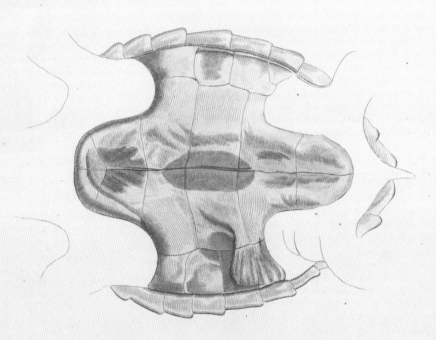

Teſtudo caretta Linn.

里希·威廉·文德尔（Friedrich Wilhelm Wunder，1742—1828），他的素材直接来自绍普夫和他从同行那里收集来的图纸。1797年，绍普夫被任命为拜罗伊特医学院的院长，在他的有生之年，他的著作主要是关于医药方面的，包括一部措辞严厉的评论"德国医药体系的效果，在德国大部分城市它是被忽视的"。其中他谴责了对农村人口和社会地位低下人的忽视。绍普夫最后一部出版的著作是关于社会改革方面的。令人遗憾的是，在年仅48岁时，这位德国启蒙运动的旗手式人物死于喉疾。

龟类（包括陆龟和水龟）属于龟鳖目（Chelonia），全世界已知的有大约260个种。大部分生活在陆地，少数生活在淡水中，但有7种海龟有专属的海洋栖息地。海龟因其优美的流线型和不能缩进壳内的有力的鳍状肢特别适合在大洋中漫游。孵化后，雄性海龟不会再返回陆地，而雌性海龟仅会到岸上产卵。

海龟多骨的外壳是由肋骨和椎骨演化而来，围绕着带骨。棱皮龟（*Dermochelys coriacea*）没有坚硬的外壳；相反，它的骨板嵌进厚厚的、坚韧如皮革的皮肤里，而其他海龟都有典型的多骨的外壳，由背部和腹部的甲板构成。棱皮龟覆盖着角质鳞甲的外壳形成龟甲。玳瑁（*Eretmochelys imbricata*）壳是最珍贵的，几个世纪以来，玳瑁被猎杀主要是为了得到它的龟甲。现在龟甲贸易被严格管制，但令人难过的是，海龟因其栖息的海滩被破坏和龟卵以及龟肉的黑市贸易依然受到威胁。造成海龟种群数量下降的另一个原因是长期渔业作业中的意外捕捞。（刘雪芹 译，祝茜 校）

识别印度的未知鱼类

作者

帕 特 里 克 · 拉 塞 尔（Patrick Russell, 1727—1805）

书名

Descriptions and figures of two hundred fishes, collected at Vizagapatam on the coast of Co-romandel
《从科罗曼德尔海边维萨卡帕特南收集的 200 种鱼类的描述和插图》

版本

London: Printed by W. Bulmer and Co., for G. and W. Nicol..., 1803

1. 这种被拉塞尔命名为 Bond-aroo Kappa 的有着白色斑点的纹腹叉鼻鲀（*Arothron hispidus*）的美丽插图是印度鱼类学原始著作中众多惊人的图像之一。

帕 特里克·拉塞尔是一名富有旅行经验、医术高超的内科医生，除了从事重要的医学研究外，他还创作了一系列关于印度次大陆动植物繁殖的著作。他在爱丁堡（Edinburgh）出生并在那里接受教育，他的父亲是当地一名杰出的律师。拉塞尔的兄弟和叔伯大多是内科医生，他也跟随他们走上了从医之路。从爱丁堡的皇家医学会毕业后，他离开苏格兰（Scotland）到叙利亚的黎凡特（Syrian Levant）寻找他的同父异母的哥哥亚历山大（Alexander）。亚历山大在位于阿勒波（Halab）的英国黎凡特公司当内科医生，拉塞尔打算花几年的时间来提高他的医术。3 年后的 1753 年，亚历山大回到了伦敦，帕特里克代替他成为黎凡特公司的医生。

拉塞尔在阿勒波期间，专门研究了黑死病——一种易复发的、具有摧毁性的疫病。数年后他把经验总结于一本有影响力的医学专著《黑死病论述》（*A Treatise of the Plague*），并于 1791 年出版。拉塞尔行医时，冒着很大的被传染的风险，他对病人富有同情心，"对所有阶层的当地人一视同仁，就像对待公司的英国绅士"，他精通当地人的语言，尊重当地的风俗，这些都使他深受当地人的喜爱。

正如他的哥哥一样，拉塞尔热爱当地的自然史，做了大量的观察和收集，并把记录定期送给亚历山大。亚历山大正在编辑第二版《阿勒波及其邻近地区的自然史》（*Natural History of Aleppo and Parts Adja-cent*），这部著作经过拉塞尔完整的修订后在亚历山大逝世后的第 26 年出版。在阿勒波待了将近 20 年后，拉塞尔返回了爱丁堡，然后去了伦敦，在那里开始了他蒸蒸日上的医学事业。1777 年，拉塞尔在阿勒波的贡献得到了英国皇家学会的认可并被接收成为会员。

1781 年，家族决定让 55 岁的老单身汉拉塞尔陪同体弱多病的弟弟克劳德（Claud）前往印度。克劳德被任命为新成立的东印度公司的首席管理员，公司位于滨海的马德拉斯省（Madras Province）维萨卡帕特南市（Visakhapatnam）。拉塞尔彻底告别了他的伦敦生活，坐船到印度照顾他年轻的弟弟。拉塞尔到达维萨卡帕特南市后并没有愤世嫉俗，反而一如既往地拥抱新环境赋予他的特别机遇。他立刻着手汇编这个几乎是陌生区域的动植物，当公司的植物学家。在他的亲密朋友约翰·杰勒德·凯尼格（John Gerard Koenig，1728—1785）去世后，马德拉斯省省长任命拉塞尔代替他的职务。拉塞尔工作得有声有色并且刻苦勤勉，收集了很多样本和当地的知识。除了研究植物外，他开始对当地的蛇尤其是毒蛇感兴趣。毒蛇在当地很多，常常危害当地人和公司的工人。1787 年，他写了一本识别印度毒蛇的实用指南，被东印度公司印发给公司员工。

除了研究植物和爬行动物之外，拉塞尔对沿海鱼类的研究也是首创。在那个时代，印度鱼类几乎完全不为人所知。拉塞尔的伦敦朋友，著名的植物学家约瑟夫·班克斯爵士（Sir Joseph Banks，1743—1820）强烈要求他研究鱼类。这一点他做到了，"当摆脱了对其他自然史的追求，无数勤劳工作的成果"就是他两卷杰出的著作《从科罗曼德尔海边维萨卡帕特南收集到的 200 种鱼类的描述和插图》。著作中还附有 198 幅铜版画，其中很多是采用凹版蚀刻法制版，它们都出自当地的一位画家之手。"在短时间内就能精确地描绘出指定要他描述的部分，他笔下的图，尽管缺乏艺术和美感，但总体上能保证描述准确"。

拉塞尔原本打算将这些插图染色得栩栩如生，但令人遗憾的是炎热的天气令这些画很容易褪色。"当画家在调色板里调色的时候就已经褪色了"。最终，他决定用详细的文字说明来描述鱼的颜色。拉塞尔把

2. 尽管这张照片高度的风格化，但我们还是可以从照片中清楚地看出这分明描绘的就是一条电鳐。带有暗色边缘的胸鳍表明这种电鳐与印度沿海发现的黑斑双鳍电鳐（*Narcine maculate*）很相似。

3. 拉塞尔记录的 Mookarah Tenkee 是一种青带圆吻燕魟（*Aetomylaeus nichofii*）。这个种类拥有的长尾是鲼科燕魟的典型特征，但与众不同的是没有刺。

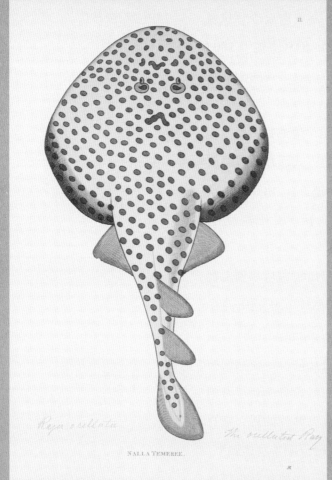

Raja ocellata

The ocellated Ray

NALLA TEMEREE.

2.

MOOKARAH TENKEE.

3.

鱼的样本储存在马德拉斯的公司博物馆中，为了日后完成这部著作而自己保留着插图。

在印度待了 7 年后，拉塞尔返回家乡，开始详细整理他的很多发现，翌年他出版了大量的具有开创性的研究著作。尽管时至今日拉塞尔是作为研究毒蛇的习性和毒液的先驱而闻名于世，但其实他于 1803 年出版的杰出著作《从科罗曼德尔海边维萨卡帕特南收集到的 200 种鱼类的描述和插图》仍然是研究印度鱼类学的根基。

78 岁时拉塞尔因突发疾病在伦敦去世。自始至终他都是一位执业的临床医生，他指示他的遗嘱执行人把他以节俭的方式埋在最近的墓地中，尤其不要葬在"为了大众崇拜而立碑的任何地方"。由于对传染病有多年的治疗经验，他认为将遗体埋在教堂的习俗"对死者无用，对生者不利"，因为遗体可能携带传染病毒。

拉塞尔著作中的很多插图都有固定的风格，因而很容易辨别大部分生物。例如，Bondaroo Kappa 被认为是纹腹叉鼻鲀（*Arothron hispidus*），即白色斑点河鲀。它隶属于四齿鲀科（Tetraodontidae），有这样的名字是因为 4 颗齿状的结构形成了这些鱼的进化的口，在它们捕食珊瑚、甲壳类和软体动物的时候能张大嘴巴。河鲀鱼有一套神奇的防御体系，能用水（或空气）快速填充它们富有高度弹性的胃，把自己吹成一个大球。河鲀鱼的体刺，在它们不膨胀的时候顺着身体躺平，膨胀时会直竖起来。其结果是这样一个大刺球使得很多捕食者难以吞咽。很多河鲀鱼还有一套防御体系——河鲀毒素，一种毒性非常强的神经毒素，集中在鱼的肝和卵巢中。尽管很多大型的海洋肉食动物，例如鲨鱼并不怕河鲀毒素，但它对人类是具有极大毒性的。有趣的是，詹姆斯·库克船长（Captain James Cook，1728—1779）首次记录了他的船员在航海的时候抓吃了河鲀鱼后的中毒事件。（刘雪芹 译，祝茜 校）

4. 在这张插图上，拉塞尔用他艺术家的画笔阐明了小型的蝠鲼（*Mobula eregoodootenkee*）。这个样本中的蝠鲼是雄性的，它的鳍脚（管状鳃鳍的变形）在交配的时候用来转移精子。

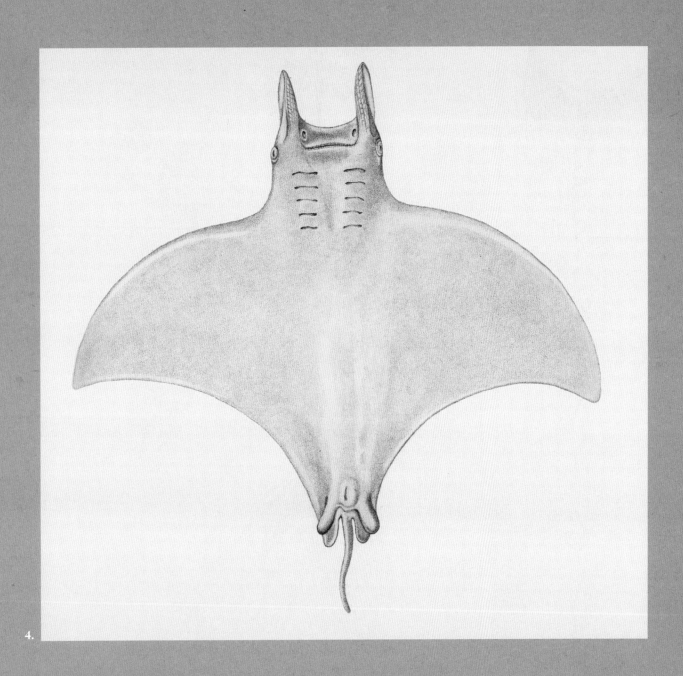

4.

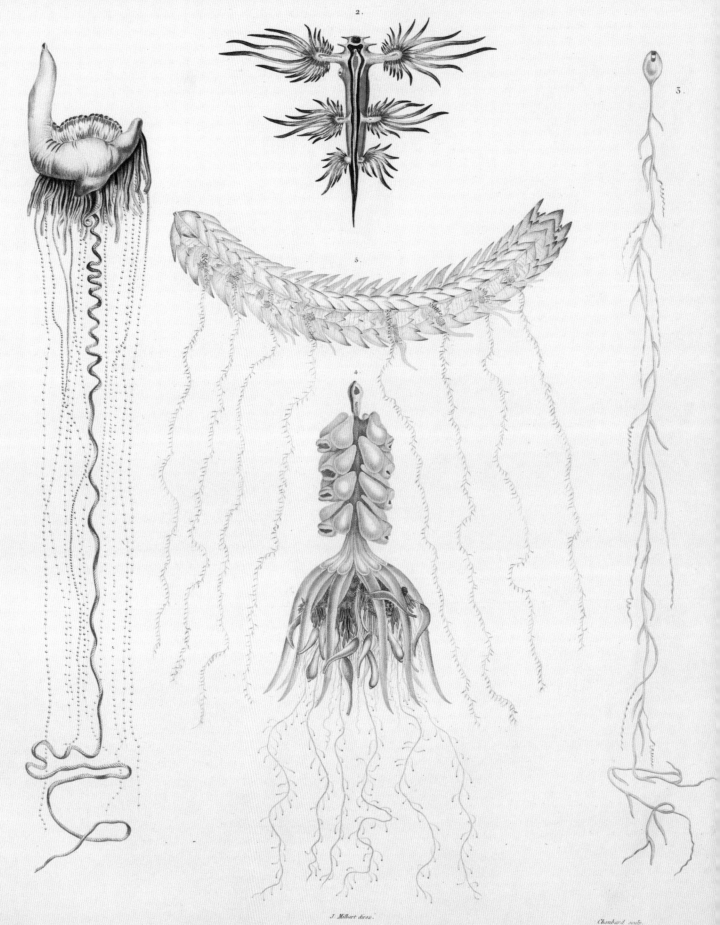

J. Milbert direx.   Chombard sculp.

MOLLUSQUES ET ZOOPHYTES.

| 1. PHYSALIA *Megalista*. N. | 3. RIZOPHYSA *Planostoma*. N. | 5. STEPHANOMIA *Amphytridis*. N. |
| 2. GLAUCUS *Eucharis*. N. | 4. PHYSSOPHORA *Muzonema*. N. | .... |

De l'Imprimerie de Langlois.

在澳大利亚沿海的探险

作者
弗朗索瓦·佩伦（François Péron，1775—1810）

书名
Voyage de découvertes aux terres australes: exécuté par ordre du Gouvernement, sur les corvettes le Géographe, le Naturaliste, et la goëlette le Casuarina, pendant les années 1800, 1801, 1802, 1803 et 1804. Historique (Voyage of discovery to the southern lands: carried out by order of the Government on the frigates the Géographe, the Naturaliste, and the schooner Casuarina, during the years 1800, 1801, 1802, 1803 and 1804. Historical)
《南部大陆的航海发现：由政府实施的在护卫舰"地理学者号""自然主义号"和纵帆船"大麻黄号"上分别于 1800、1801、1802、1803 和 1804 年的发现》

版本
Paris: Imprimerie Impériale, 1807–1816

作者 雷内·普里弗勒·拉森（René Primevère Lesson，1794—1849）
书名 *Voyage autour du monde, execute par ordre du Roi, sur la corvette de Sa Majeste, la Coquille... Zoology*
《执行国王的命令，在他的护卫舰"科基耶号"上，历经 1822、1823、1824 和 1825 年的世界环行。动物学》（见图 3）
版本
Paris: A. Bertrand, 1838

1. 这张画除了它的艺术价值外，还具有较高的科研价值，因为收集完整的管水母目标本非常不易，即使轻微地碰撞管水母目动物，其也易断成碎片。

    弗朗索瓦·奥古斯特·佩伦出生在法国中部一个小镇克里利（Cérilly），年仅 35 岁时在该小城死于肺结核。尽管佩伦的一生短暂且悲惨，但却充满传奇。今天他作为研究澳大利亚自然史的先驱而被人们怀念。

    在法国革命的后期，佩伦参加了法国保卫朗多（Landau）的战役，不料竟受伤，被普鲁士军队俘虏。1794 年佩伦在返回克里利的途中，由于失去了一只眼而离开了部队，在小镇当了两年职员后，他得到了奖学金到巴黎学习医学。学医 3 年，与他浪漫的愿望明显背道而驰，他请求参加由尼古拉斯·托马斯·博丹（Nicolas Thomas Baudin，1754—1803）领导的澳大利亚海岸线的测绘调查。

    1800 年 10 月，博丹的探险队在两艘装备精良的轻巡洋舰"地理学者号"（Géographe）和"自然主义号"（Naturaliste）的带领下驶离了勒阿弗尔（Le Havre）。他们的使命就是绘制未知的南方大陆地图，将所遇到的海洋和大陆的动植物记录下来。这次主要的科学探索活动正是在法英之间对南洋的所属权展开激烈争夺的时候开展的。法国探险的消息刺激英国也迅速组成了一支由著名航海家和制图师马修·弗林德斯（Matthew Flinders，1774—1814）领导的带有相似使命的探险队。弗林德斯曾跟着詹姆斯·库克船长（James Cook，1728—1779）的足迹，先前已经绘制了部分昆士兰海岸的地图。

    佩伦曾想在法国探险队中申请人类学家的职位，但让人意外的是，

VOYAGE

DE

DÉCOUVERTES AUX TERRES AUSTRALES

EXÉCUTÉ

PAR ORDRE DE S.M. L'EMPEREUR ET ROI

PARTIE HISTORIQUE RÉDIGÉE PAR M.F. PÉRON.

ATLAS PAR MM. LESUEUR ET PETIT.

Écrit par L. Aubert. Dirigé par J. Milbert. *Imprimé par Langlois.*

2.

2. 勒絮尔和珀蒂的带有插图的地
图集的扉页。

3. 由雕刻师让·路易·库堂（Jean
Louis Coutant）制作的精美的刻画
就是基于"科基耶号"（Coquille）
航海时收集的样本。这里描述的
物种僧帽水母（*Physalia physa-
lis*）不同于佩伦描述的印度洋−
太平洋海域的物种蓝瓶僧帽水
母（*Physalia utriculus*），佩伦描
述的物种只有一根长长的捕食
触手。

博丹任命他为实习博物学家，他加入了一个由 20 多位平民科学家组成
的团队。与此同时，他和博丹的关系迅速恶化，这俩人除了彼此蔑视
外没有任何交流，这种憎恶一直持续到两人去世时。同样，博丹和船
上其他人员的关系也不好，到了毛里求斯后，许多科学家、官员和海
员离开了这个团队。

　　离开毛里求斯后，痢疾和坏血病的横行而使船上的条件恶化。当
船队到达澳大利亚后，仅剩下 7 位科学家和插图画家。佩伦作为一名

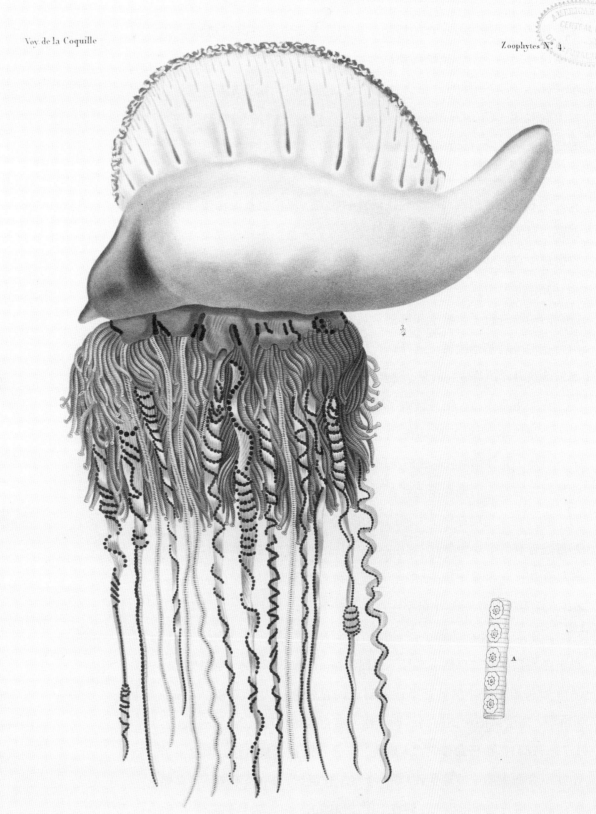

Physalie de L'atlantide.   A.Ventouses grossies.
Physalia atlantica, Less. (Physalia pelagica, Lamk.)

Lesson et Bessa pinx.   De l'imp.ᵉ de Rémond.   Coutant sculp.

在任何条件下都可以工作的博物学家而成为探险队资深的动物学家。另两位年轻的成员，风景画家尼古拉斯-马丁·珀蒂（Nicholas-Martin Petit，1777—1805）和受到佩伦帮助的插图画家查尔斯-亚历山大·勒絮尔（Charles-Alexandre Lesueur，1778—1846），被赋予主要的任务是和佩伦一起为调查报告绘制精美的、带有插图的地图集。

博丹对佩伦的任命具有先见之明，佩伦不仅胜任植物学、动物学、气象学和人类学的观察，也胜任记录和收集。佩伦也是海洋生物学的先驱，对海洋表面和海洋深处的温度进行了一系列重要的测量。这些数据对库克的早期太平洋探险起到了补充作用。

佩伦尤其对盛产于南洋的软体植虫类动物感兴趣，他首次对这一特别的动物进行了生物学和解剖学观察。文章中附有的插图是由勒絮尔巧妙地整理和描绘的，选择具有代表性的管水母目的水螅虫类，展现了这些海洋漂流生物的复杂之美。

克服重重困难，博丹调查了澳大利亚南部和西部的未知海域，收集了大量样本。1802年4月，"地理学者号"和"自然主义号"邂逅了由马修·弗林德斯任船长的英国考察船"调查者号"（Investigator），弗林德斯在这一时期在澳大利亚的环航方面取得了卓越成就，首次证明了澳大利亚是堪称一个大洲的岛屿。会见是友好的，弗林德斯告诉博丹附近有一个坎加鲁岛（Kangeroo Island），可在岛上补给必需的新鲜粮食和水。弗林德斯将此次会见地点命名为恩坎特海湾（Encounter Bay，意为邂逅湾），这个名字一直沿用至今。

到了杰克逊港（Jackson Harbour，今天的悉尼），博丹让载有沉重科学考察资料的"自然主义号"返回法国。"地理学者号"留在港口，另外购买了一艘小些的、当地人制造的纵帆船"大麻黄号"（Casuarina）。探险队的绘图师路易斯·德·弗雷西内（Louis de Freycinet，1779—1841）被任命带领"大麻黄号"进行短途考察工作，而这一工作并不合适大船"地理学者号"。考察工作继续，1803年7月很多船员生病，博丹也病得很重，调查工作被迫停止。

轮船返回毛里求斯的时候，博丹患上了肺结核，"大麻黄号"被迫

4. 勒絮尔非常详细地描绘了部分新荷兰（澳大利亚西部）海岸线和达尔曼岛，直观地展示了当地壮观的地貌和新发现的南部大陆的壮丽。

C. A. Lesueur del.   J. Milbert direx.   Fortier sculp.

TERRE DE DIÉMEN ET NOUVELLE-HOLLANDE.

1 . Mewstone . (a.) Îles de Witt .(b.)   4 . Vue du Promontoire de Wilson .(f.)

2 . Île Tasman .(c.)   5 . Vue d'une partie de la côte Occidentale de l'Île Decrès : Cap Borda .(g.)

3 . La Piramide . (d) Groupe de Kent .(e.)   ravine des Casoars .(h.)

De l'Imprimerie de Langlois

4.

放弃。数月后，"地理学者号"开始返航，于 1804 年 3 月 23 日到达法国。不久，马修·弗林德斯不得不将"调查者号"舍弃在杰克逊港，试图驾驶着受损严重的纵帆船"坎伯兰郡号"（Cumberland）返航，一路颠簸驶进港口等待维修。感恩于以前在杰克逊港曾受惠于弗林德斯和英国殖民者，博丹要求法国所属的毛里求斯港向被迫停靠在此处的英国船只提供服务。但当弗林德斯到达毛里求斯时，正值英法两国又一次陷入战争，他立刻被逮捕了。尽管英法两国政府甚至拿破仑本人请求释放弗林德斯，但他还是在毛里求斯被囚禁了 6 年。他于 1810 年 10 月回到英国，而大约 3 年前佩伦出版了他的第一部鸿篇巨著。尽管大部分的制图是由弗林德斯完成的，但这却是法国首次出版描绘澳大利亚的详细地图。

同时，佩伦和勒絮尔以巴黎的自然博物馆为基地，开始着手练习现场测绘，分类整理航海中收集到的十万多个样本和组装的史前古器物。1806 年，拿破仑一世允许将博丹的考察结果出版，为了肯定他们的工作，佩伦和勒絮尔获得了国家养老金。1807 年，佩伦第一卷附有 40 幅勒絮尔绘制的绝色铜版画和很多由珀蒂绘制的极美的风景画著作《南部大陆的航海发现：由政府实施的在护卫舰"地理学者号""自然主义号"和纵帆船"大麻黄号"上分别于 1800、1801、1802、1803 和 1804 年的发现》出版。在第二卷完成之前，疾病迫使佩伦回到克里利，年仅 35 岁便死于肺结核。

佩伦去世后，勒絮尔在他的前同船同事、绘图师路易斯·德·弗雷西内（Louis de Freycinet）的指导下，将第二卷主要关于地图和地理发现的著作于 1816 年出版。

佩伦还没有来得及完全研究他分类整理的珍贵样本就去世了，但他孜孜不倦的科学领导能力和真知灼见现在获得了人们的普遍认可，他也被公认为研究澳大利亚自然史的先驱者之一。

早期工作者用"植虫形动物"这一术语广泛代表海洋软体无脊椎动物，其中很多种类现在被划分为腔肠动物门中的水母（见 205 页）、立方水母（见 67 页）、海葵（见 134 页）和珊瑚（见 73 页和 140 页）。

所有这些配有铜版插图的植虫类都隶属于腔肠动物门水螅纲管水母目，尽管在外形上它们和水母很相似，但它们实际上是由很多各司不同功能（捕食、防御和繁殖）的个体组成的群体。每一个个体都和其他个体紧密合作，才能使整个群体显示出单个有机体的特征。

　　大部分的管水母目动物在开放的海洋中漂浮，长且呈凝胶状态，一些甚至能长到 50 米，是地球上最长的动物。臭名昭著的葡萄牙僧帽水母（*Physalia Physalis*）也是漂浮在海洋中的管水母目动物（不是真正的水母）。游动的僧帽水母实际上就是充气的个体（浮囊体），它长长的带有毒刺（刺细胞）的尾部触须（指状个体）用来捕食鱼类和浮游生物。尽管僧帽水母有毒刺防御，但它们却被红海龟（见 48 页）过度捕食，也是大西洋海蛞蝓（*Glaucus atlanticus*）和浮游的裸鳃亚目海参（见 216 页）的美食。佩伦将这种贪吃的软体动物捕食者和它的美食管水母目动物放在同一张插画内，很好地诠释了他对他所研究的许多生物体间的生态关系的理解。（刘雪芹 译，祝茜 校）

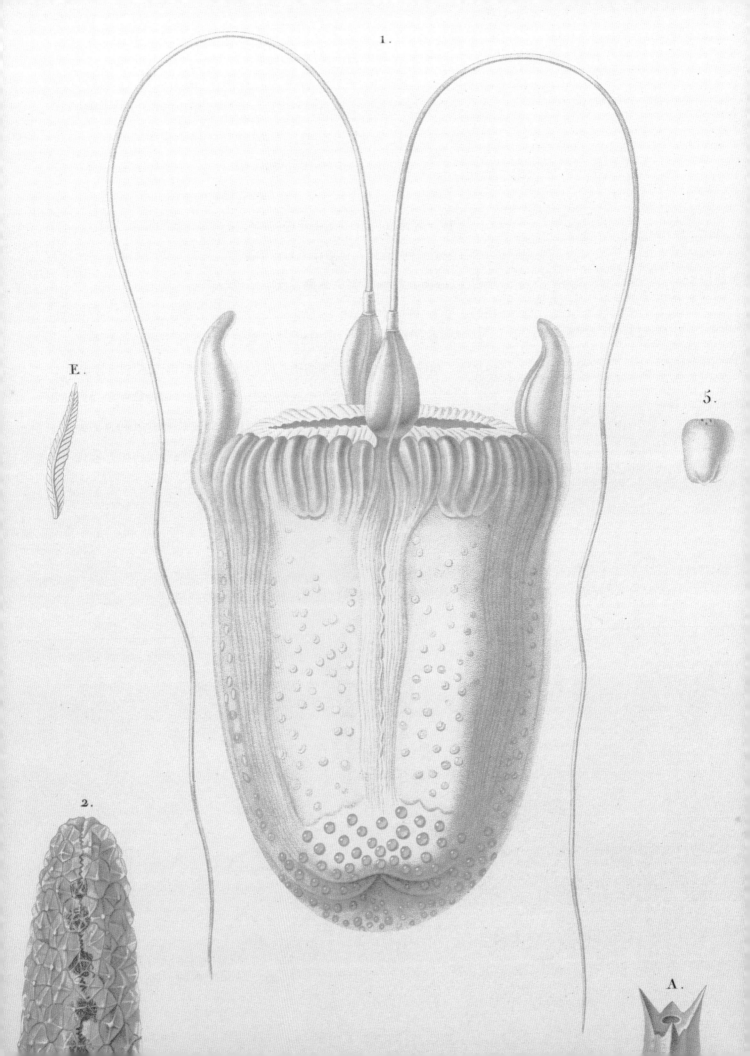

作者
雷内·普里弗勒·拉森（René Primevère Lesson, 1794—1849）

书名
Voyage autour du monde, exécuté par ordre du Roi, sur la corvette de Sa Majesté, la Coquille, pendant les années 1822, 1823, 1824, et 1825. Zoologie
(Voyage around the world, carried out by order of the King, on His Majesty's frigate, the Coquille, during the years 1822, 1823, 1824, and 1825. Zoology)
《执行国王的命令，在他的护卫舰"科基耶号"上，历经1822、1823、1824和1825年的世界环行。动物学》（以下简称《"科基耶号"上的世界环行》）

版本
Paris: A. Bertrand, 1838

作者 路易斯·伊西多尔·迪佩雷（Louis Isidore Duperrey, 1786—1865）
书名 *Voyage autour du monde, execute par ordre du Roi, sur la corvette de Sa Majeste, la Coquille... Histoire du voyage*
《执行国王的命令，在他的护卫舰"科基耶号"上，历经1822、1823、1824和1825年的世界环行。航行历史》（见图3）
版本 Paris: A. Bertrand, 1826

1. 在有剧毒的海洋动物中，巨型水母（立方水母和海黄蜂）是敏捷的游泳健将，能灵活地捕捉浮游动物和小型鱼类，一旦被注入毒性极强的毒液，这些被捕的生物将无法动弹。

经验教训：　立方水母和栉水母

法国滑铁卢之役的失败标志着漫长的拿破仑战争的结束，欧洲的目光又一次从海上战争转移到了海洋探险。法国进攻俄国所遭受的惨痛损失使得法国在军事上处于弱势，因此有强烈的愿望通过全球探险来振兴民族的信心。短时间内，一系列由政府资助的"航海发现"的队伍出发了，并得到大众的拥护。在这些当中有一支名为"科基耶号"（Coquille）的航海队伍由路易斯·伊西多尔·迪佩雷（Louis Isidore Duperrey，1786—1865）任指挥，由不屈不挠的朱尔斯·塞巴斯蒂安·西萨·迪蒙·迪尔维尔（Jules Sébastien César Dumont d'Urville，1790—1842）任副指挥。迪尔维尔在航海方面更有天分，注定会成为法国最受人尊敬的探险家之一，被很多人认为是法国自己的"库克船长"。迪尔维尔也是一位有学问的植物学家，积极参加了"科基耶号"上的科学活动和随后的探险。晚年，他曾雄心勃勃地写道："没有什么比将自己的一生用来追求知识更值得崇敬的了，这就是为什么我的志向促使我进行航海发现而不是成为一位好战的海军将领。"

陪同迪佩雷和迪尔维尔随"科基耶号"同行的还有年轻的海军外科医生、药剂师雷内·普里弗勒·拉森以及他的同事普罗斯珀·卡诺特（Prosper Garnot，1794—1838）。这两人虽然是经过医学训练的海军军官，却都有丰富的自然史知识，尤其精通哺乳动物、鸟类、爬行动物和两栖动物的相关知识。然而，在航海报告第一卷的引言中，拉森暗示海军部门在"科基耶号"上没有配置专业的博物学家，而是依赖于船上的外科医生。就在出发前，迪尔维尔被命令集中研究植物学和昆虫学，卡诺特专门研究哺乳动物和鸟类，拉森自己来填补剩余的分类学研究空白。

1822年，科基耶科考队从土伦（Toulon）出发航行了大约117 500千米——环绕南美洲后到达澳大利亚和新西兰，接着穿过南太平洋到达好望角，绕过了非洲海岸于1825年返回土伦。航行中大多看不见陆地，拉森回忆在长时间的航行中"时常能看到热带鸟、飞鱼、鲨鱼，还有潮汐携带的大块海草。对博物学家来说，这些带有新型海洋生物物种的漂浮区域是一个伟大的发现。在风平浪静的日子里，我们能捕捉到大量奇特的植虫类动物，比如：水母、僧帽水母和非同寻常的带状瓜水母目生物"。

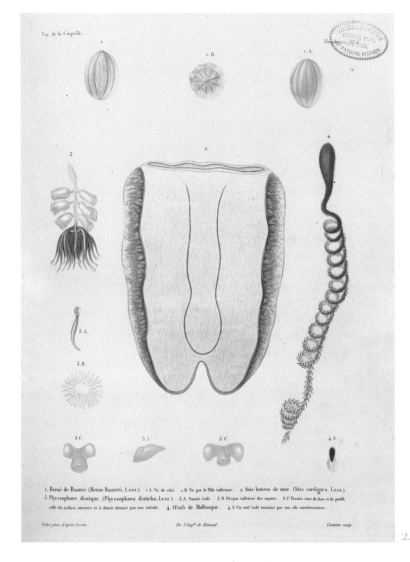

拉森意识到海洋生物会成为一个重要的研究焦点，虽然以他的能力似乎不能够充分地了解无脊椎动物这个领域，但拉森仍对他遇到的奇特的软体植虫类动物（见68页）做了大量的笔记和草图，并且收集了许多样本。虽然拉森远不是研究这些动物的专家，但在撰写考察报告第二卷的时候是他自己一个人负责植虫类动物的内容。在编绘带有漂亮插图的动物地图集《"科基耶号"上的世界环行》时，拉森也是一位关键人物。地图集有两卷，其中有4幅大的彩色铜版画用来说明软体植虫类生物，每一幅画显然都是依据拉森的原图创作的。

有趣的是，与在南洋考察期间一直陪同博丹的弗朗索瓦·佩伦不

2.插图的中间是一种栉水母（Neis-cordigera），这是拉森在"科基耶号"停靠在杰克逊港（悉尼）时抓到的。这种栉水母是最长的瓜水母目动物之一，有的长度可达30厘米。

同，拉森对植虫类动物和它们的分类还不甚了解。结果很多样本要么鉴定错误，要么分到了还没有认识的类群中。尽管如此，拉森的笔记和插图仍十分有趣，有的还被描绘得很漂亮。在这些插图中有一幅被他命名为"维纳斯的手提袋"，很显然这是立方水母，但在同一幅画作上还有海绵的幼虫（海绵动物门：见 146 页），一种外来的管水母目动物（见 60 页）和水母（见 203 页）。在另一幅画作上出现了类似的杂乱分类，中间的图形是一种栉水母（栉水母类），它的上面则是另一种栉水母，但却被解释是一种外来的管水母目动物和一串软体动物的卵。在其他的画作上，拉森也将水母误认为是栉水母动物，而将栉水母动物误认为是软体动物的卵。事后批判总是容易的，事实上，拉森自己也很清楚他对这些动物的知识是有缺陷的，但在当时那种情况下，他执行了一项非凡的任务。由于他命名了陆栖脊椎动物而使得他在动物学方面有更多权威性的贡献。

3. 拉森在航海报告中还描写了让人印象深刻的风土人情，例如当"科基耶号"进入环礁湖时，从船上的甲板能看到主要的岛屿博拉博拉岛（Bora Bora）的美丽风景。

VUE DE L'ILE BORABORA.
(ILES DE LA SOCIÉTÉ)

在早期航行中，卡诺特感染痢疾，当"科基耶号"到达杰克逊港（悉尼）的时候，他的病情已经恶化，被迫离开探险队。他带着很多箱样本乘一艘叫"福布斯城堡"（Castle-Forbes）的英国船离开。1824年7月，"福布斯城堡号"在好望角失事，卡诺特幸存下来，但样本全部丢失。后来拉森写道，"一年的坚持不懈和小心翼翼收集的样本在短短一天内消失殆尽"。尽管如此，一年后"科基耶号"满载着动物标本和史前古器物回到了法国。拉森花费了之后的7年时间准备脊椎动物的内容，并出版了《执行国王的命令，在他的护卫舰"科基耶号"上的世界环行》的第一卷，其中包括卡诺特的很多观察结果，这一卷是拉森和卡诺特联合署名的。在一些甲壳纲和昆虫纲动物专家的帮助下，拉森完成了第二卷，有关植虫类动物的章节由他自己独立署名。

在接下来的几年里，拉森陆续发表了一些自然史著作，但由于海军职业生涯在先，他写了大量具有影响力的海洋药学的著作。1835年，他已经成为法国顶尖的海军药剂师，长期生活在罗什福尔（Rochefort）的海军港口，这里是他出生的地方，也是他度过余生一直到1849年去世的地方。

立方水母通常被称为海黄蜂，属于立方水母纲，和海葵、珊瑚、水螅虫及水母有近亲关系，它们一起组成了一大门——腔肠动物门。由于立方状的身体，立方水母很容易从真正的水母（钵水母）中被区分开来。在它们的伞膜下是一个独特的皮瓣（假缘膜），这使它们在游动时可以集中和控制水流，因此比水母游得快得多。已知大约有36种立方水母，在大部分热带和亚热带表层水中能找到它们。

所有刺细胞动物都有覆盖着毒刺（刺细胞）的触须。然而，立方水母有一种与众不同的毒液，毒性更强。它们有无数刺细胞，每条触手上武装着50万刺细胞。虽然不是所有的物种都对人类构成威胁，但有一些的确有毒，澳大利亚海黄蜂（*Chironex fleckeri*）被认为是在海里最致命的动物之一。海黄蜂能长到约15厘米，带刺的触须延伸开将近3米。据估计，大的个体含有的毒素足以杀死60个成年人。抗立方水母毒液的血清确实存在，但需要迅速注射，因为几秒至几分钟内人就会死亡。但立方水母毒液的致死率还是相对小的，大多数被刺的人仅有不同程度的不适。

拉森描述的另一组植虫类动物是栉水母，尽管外观和水母类似，但它们隶属于单独的门——栉水母动物门。大约有150种栉水母已经被发现，它们在海洋中随处可见，从海洋表层到深海。栉水母门动物因为拥有和身体等长的纤毛状的"栉板"而与众不同，栉水母在游动时由于纤毛的闭合和移动而闪闪发光，五颜六色，有红色、绿色或蓝色。许多栉水母门动物也能发生物光（见207页），在一些沿海地区，夏季盛产的栉水母，照亮了夜晚的海湾。（刘雪芹 译，祝茜 校）

1

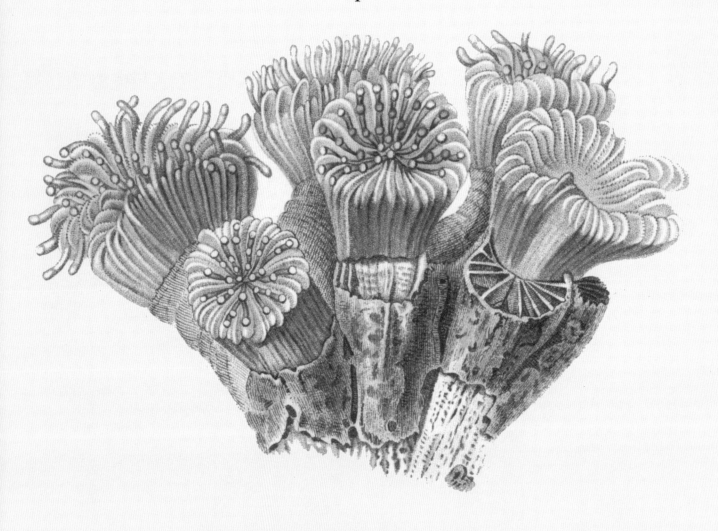

2

3

夸伊和盖马德的大洋洲

作者

简·勒内·康斯坦特·夸伊
（Jean René Constant Quoy,
1790—1869）

约瑟夫·保罗·盖马德（Joseph
Paul Gaimard, 1796—1858）

书名

*Voyage de la Corvette l' Astro-
labe: exécuté par ordre du roi,
pendant les années 1826-1827-
1828-1829, sous le commande-
ment de m. J. Dumont d' Urville,
capitaine de vaisseau. Zoologie*
（*Voyage of the frigate Astrolabe: car-
ried out by order of the king, during
the years 1826-1827-1828-1829,
under the command of Captain J.
Dumont d' Urville. Zoology*）

《"星盘号"护卫舰的航行：
奉国王之命，由朱尔斯·迪
蒙·迪尔维尔船长指挥，完成
于 1826—1827—1828—1829
年。动物学》（以下简称《"星
盘号"护卫舰的航行》）

版本

Paris. J. Tastu, 1830-1835

1. 很多石珊瑚的漂亮颜色不是源
于珊瑚动物本身，而是来自珊瑚
组织内的光合藻类。它们的关系
是互惠的，珊瑚为藻类提供保护，
而藻类则为珊瑚提供氧气和食物。

法国杰出的航海家朱尔斯·塞巴斯蒂安·西萨·迪蒙·迪尔维
尔曾作为一名植物学家和二副参与了由路易斯·伊西多尔·迪
佩雷所指挥的"科基耶号"的环游世界之旅。尽管迪佩雷钦佩迪尔维
尔的植物学研究，但他们之间的关系日渐疏远。很显然，年轻的海军
军官迪尔维尔急于在法国航海探险的黄金时代建立起自己的地位。受
此野心的驱使，仅仅在"科基耶号"返航后的两个月，迪尔维尔就向
法国海军总署请愿在南部海域的二次航行，不过此次航行得由他来指
挥。因认识到迪尔维尔的才能，在法国在与英国竞争海上霸权的斗争
中，想超越控制对方的欲望加速膨胀了，法国海军总署将"科基耶号"
的指挥权交给了迪尔维尔，并将其改名为"星盘号"（Astrolabe），开
始了史诗般的航行。此次航行让迪尔维尔跃居为法国最优秀的航海家，
同时成为备受人们尊敬的探险家。

迪尔维尔的任务是对大洋洲的未知海域进行绘图，并在旅途中收
集标本，同时寻找法国贵族康特·德·拉佩鲁兹伯爵（Comte de La
Perouse，1741—1788）的踪迹。因为拉佩鲁兹的舰船"指南针号"
（Boussole）和"星盘号"最后一次出现在人们的视野是在 1788 年的 3
月驶离波特尼湾（Botany Bay），此后便杳无音信。

迪尔维尔自信可以绘制未知水域的图谱，并能够决定拉佩鲁兹伯
爵的命运。他清楚地认识到招募有能力的科学家是远征探险成功的保
障，所以 3 位训练有素的博物学家随"星盘号"远航成为顺理成章之

事。船上的这 3 位科学家分别是：勒内·普里梅韦勒·莱松（René Primevère Lesson），其才华横溢的弟弟——船医、植物学家皮尔·阿多菲·莱松（Pierre Adolphe Lesson，1805—1888）。哥哥勒内·普里梅韦勒·莱松曾经与迪尔维尔一起随"科基耶号"远航过。另两位科学家则分别是，接受过动物学学习的航海医生简·勒内·康斯坦特·夸伊和法国博物学家约瑟夫·保罗·盖马德。两位都是经验丰富的博物学家，都曾在路易斯·德·弗雷西内（见 62 页）的领导下参加过乌拉尼亚的航行。一开始盖马德只是夸伊的助手，但很快他与夸伊的地位就平等了。他们一起发现了很多动物，并且第一次初步推测了珊瑚礁和环礁在热带深海中央区域形成的原因。

盖马德曾到过欧洲的大博物馆，所以熟知大洋洲的概况。所以，当他们在 1826 年 4 月开始远航时，迪尔维尔的博物学家队伍是人才济济。他们的航行持续了近 3 年，绘制了新西兰很多的海岸线图谱，在人们探索新几内亚之前对这些海岸线几乎是一无所知的。同时，他们还绘制了茫茫海域中其他岛屿的图表，迪尔维尔将这些岛屿命名为美拉尼西亚群岛（Melanesia），并发现该群岛与密克罗尼西亚（Micronesia）和马来西亚群岛（Malaysia）（这二者也由迪尔维尔命名）的文化传统并不相同。正是在美拉尼西亚的所罗门群岛（Melanesian Solomon Archipelago）进行探索时，迪尔维尔在瓦尼克洛（Vanikoro）暗礁中发现了拉佩鲁兹伯爵的"星盘号"舰船。

据当地人讲述，有两艘大船曾在瓦尼克洛失事，后来幸存下来的船员建了一艘小船驶离此地。可迪尔维尔没能找到幸存者的任何蛛丝马迹。他在瓦尼克洛建立了一座纪念碑以纪念拉佩鲁兹伯爵的探险之旅。接着，迪尔维尔率队驶往密克罗尼西亚，在那里他绘制了卡罗来纳（Carolina）岛屿链和马鲁克群岛（Moluccas）的地图。当"星盘号"于 1829 年 3 月 25 日到达马赛（Marseille）时，船上载满了生物与地质标本，以及大量的民族志学资料。他们的收获如此丰富壮观，以至于著名的巴伦·居维叶（Baron Cuvier，1769—1832）特意找到夸伊和盖马德，向他们非凡的工作表示祝贺。

2. 乌贼（Order Sepiida）的名字源于它们体内轻快的海螺蛸。夸伊和盖马德用插图描绘了以下两种引人注目的来自好望角的乌贼海螺蛸：蠕虫状乌贼（Sepia vermiculata）（上面）和乳头状乌贼（Sepia papillata）（下面）。

3. 南方拟乌贼（Sepioteuthis australis）（上面）和莱氏拟乌贼（Sepioteuthis lessoniana）（下面）是拟乌贼，但它们那自身体周围伸出的、巨大的、圆形的鳍赋予它们乌贼样的外观。然而，它们却是真正的枪乌贼（Order Teuthida），因为它们体内没有海螺蛸。

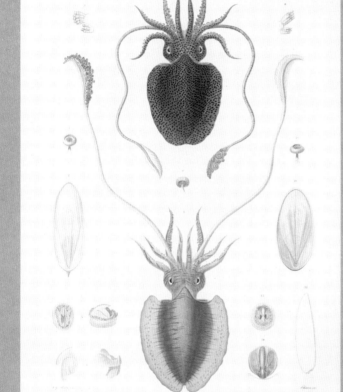

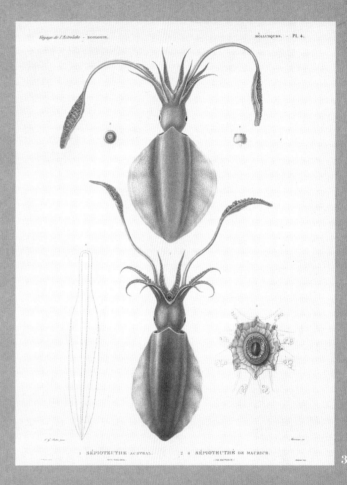

1. 2. 3. SÊCHE VERMICULÉE. 6 à 14. SÊCHE MAMELONNÉE.

1. SÉPIOTEUTHE AUSTRAL. 2. 6. SÉPIOTEUTHE DE MAURICE.

OTARIE CENDRÉE, MÂLE.

(NOUVELLE-HOLLANDE)

4.

1830—1835 年，迪尔维尔监制了宏伟的、多达 14 卷的《"星盘号"护卫舰的航行》的出版。这一不朽的著作还配有 6 本绘制精美的图集，很多卓越的法国自然史艺术家为此图集提供了标本、风景、人物、地图、图表的插图。夸伊和盖马德以 4 卷的篇幅外加两部大幅图集来描绘他们的动物学发现。很多物种的插图绘制，比如文中出现的石珊瑚，出自著名的插图画家让-加布里埃尔·普莱特（Jean–Gabriel Prêtre，1800—1840）之手。其中，很多插图都是根据夸伊比照生物实体所画的草图绘制而成，夸伊也是一位有天赋的艺术家。

这一对富有开创精神的探险家、博物学家的名字在分类学中总是连在一起，简写为夸伊和盖马德。他们在大洋洲发现了很多新物种，比如：一系列不同的鳍足目和鲸目，还有鱼类、软体动物、腔肠动物、棘皮动物中的很多物种。"星盘号"这次勇敢而成功的旅行成为民族自豪的源泉：迪尔维尔航海成功；给大洋洲广阔海域绘制地图；发现了

4. 这幅富有魅力的插图渲染了一只大型的、由夸伊和盖马德在澳大利亚东南海岸收集到的雄性澳大利亚海狮（*Neophoca cinerea*）。

拉佩鲁兹伯爵失事舰船；携带了数量惊人的各种标本，以及收集了大洋洲人种学的知识安全返航，这些资料为以后的航海探险奠定了基础。

有3000多种石珊瑚主要生活在温暖的浅水海域。夸伊和盖马德证明它们是温暖的南海中丰富的暗礁和环礁的主要建造者。与大多数软珊瑚不同（见32页），石珊瑚的骨骼形成质地坚硬的碳酸钙包绕着其生活的肉体。尽管石珊瑚的肉体很小，但随着时间的推移，它们的群体可以形成巨大的、可为无数其他海洋生物提供复杂栖息地的暗礁。

尽管石珊瑚名字中有"珊瑚"两字，但与软珊瑚相比，石珊瑚实际上与海葵的关系更近一些。海葵和石珊瑚同属六放珊瑚纲，因为每一个珊瑚肉体或海葵周围都环绕着6条触手。而扇珊瑚和软珊瑚则属于八放珊瑚亚纲（见32页、142页），它们的身体更大一些，而且有8条触手。（于珊珊 译，祝茜 校）

让博物学走近每个人

作者

威廉·查丁（William Jardine, 1800—1874）

书名

The naturalist's library
《博物学家全集》

版本

Edinburgh: W. H. Lizars, 1846

《博物学家全集》是用英语出版、最有影响力，也是传播最为广泛的自然史大百科。因为其创作的年代正好处于蒸汽引发的印刷业和造纸业的技术革命之中，所以这部绘图精美的《博物学家全集》制作成本只相当于以前相应著作的一小部分，每卷仅售 6 先令。依靠价格和设计的双重优势，《博物学家全集》注定会拥有很多读者。而且，此时正处于英国工业的快速增长和城市化的进程之中，读者对博物学萌发了浓厚的兴趣。

正是爱丁堡出版社的主理人威廉·霍姆·里查斯（William Home Lizars，1788—1859）将《博物学家全集》定位于面向广大的受众——他们想要了解更多的新物种，这些最新发现的物种涌入私人收藏、博物馆以及遍布全国各地普通动物园。"用不上几基尼，只要几个先令就可以买到"此书。里查斯同意资助这一宏伟项目。他之所以确信项目能成功，是因为他选择了他的姐夫、苏格兰的贵族博物学家威廉·查丁做丛书编辑。查丁是邓弗里斯郡（Dumfriesshire）的艾普吉尔特（Applegirth）七世准男爵，也是思百德林城堡（Spedlins Castle）的世袭领主。他是英国贵族绅士的缩影，正如他那个时代和阶级的许多贵族，他们对自然的热爱是由"通晓枪技、骑马打猎"激发的。但对于查丁来说，自然史，尤其是对鸟类的研究则是他毕生所爱，而且他为此作出了巨大的学术贡献。

在爱丁堡大学学完医学后，查丁旅行到巴黎继续解剖学的学习。

1. 这一迷人的北极风景描绘了髯海豹（*Erignathus barbatus*），它们是北极熊的重要食物。髯海豹生长很快，一天平均长 3.3 千克，出生后 20 多天就可以一切自理了。

PLATE 1.

THE WALRUS OR SEA-HORSE
Edin^r Roy. Mus.

2.

1821 年父亲去世，他返回了苏格兰。尽管作为准男爵继承人，他肩负着许多职责，查丁依然在 1825 年，与他的朋友普里多·约翰·塞尔比（Prideaux John Selby，1788—1867）一起出版了备受赞誉的《鸟类图解》（*Illustrations of ornithology*）的第一卷（共计 4 卷）。1831 年，查丁资助建立了有影响力的贝里克郡博物学家俱乐部（Berwickshire Naturalist's Club）——"其目的是调查贝里克郡及其周边地区的自然史和古物"。模仿贝里克郡俱乐部，当时英国出现了大量的博物学家学会。由此开始了整个维多利亚时代，寻常百姓满怀激情地学习博物学知识的运动。

正是在这一时期，查丁认识到普及博物学知识的重要性，而且其普及不仅局限于博物学家俱乐部内部，更要让那些不能直接参加俱乐部，因为多数绘图精美的博物学书籍的昂贵价格而望而却步的普通民众，也能接触到博物学知识。查丁同意担任《博物学家全集》一书的

2. 海象（*Odobenus rosmarus*）有突出的獠牙（犬齿的变形），周围有一大簇坚硬的、敏感的、用以定位食物的刚毛。它们能深度潜水，甚至可潜水 30 分钟搜寻蛤蜊，并能逐一地将蛤蜊肉从壳中吸取出来。

编辑，并且通过他与专家和有学问的业余爱好者之间的关系，帮助里查斯找到撰稿人，就他们的动物学研究领域撰写分卷。

1833—1843 年，40 卷广受欢迎的系列丛书出版了。每一卷都至少配有 30 幅手工着色的漂亮插图，它们是由里查斯应用当时已经完善的钢雕加工手段刻印而成。里查斯被看作 19 世纪早期最优秀的博物学家和雕刻大师。他坚持认为插图一定要确保最高质量，为的是"不熟悉动物学的读者仅浏览一下插图就能获得乐趣，并且从中获益"。他列出了参与其中一系列卓有成就的博物学艺术家的名字，包括威廉·约翰·斯文森（William John Swainson，1789—1855）、爱德华·李尔（Edward Lear，1812—1888）、威廉·迪克斯（William Dickes，1815—1892）。但贡献最大的要属詹姆斯·霍普·斯图尔特（James Hope Stewart，1789—? ），他署名的插图共有 545 幅。他住的地方离查丁会所（查丁一家的住所）只有 6 英里，斯图尔特在那里经营农场。78 页那幅令人震撼的画作中，那完美渲染的背景风景就是由这位知名度不高但却极有天赋的苏格兰业余画家制作的。

《博物学家全集》内容分为 4 大类别：鸟类学（研究鸟类，14 卷）；哺乳动物学（研究哺乳动物，13 卷）；鱼类学（研究鱼类，6 卷）；昆虫学（研究昆虫，7 卷）。查丁亲自写了其中的 15 卷，编辑了余下的 25 卷，并且为每一位著名的博物学家的人生撰写文章以作序言。例如，第 12 卷"两栖食肉类；包括海象、海豹和食草鲸类"中，查丁写文章介绍弗朗索瓦·奥古斯特·佩伦（见 59 页）；在 24 卷，"鱼类，尤其是结构和经济价值"中，他又撰文介绍依波里托·萨尔维亚尼（见 1 页）。

即使忙于《博物学家全集》，查丁仍继续出版了重要的鸟类学著作。而且他还将注意力转移到英国鱼类的研究，尤其是鲑鱼科的家族成员。他于 1839—1841 年，分 12 卷发行了绘图精美的《英国鲑鱼》（British Salmonidae）。1860 年，在众多的职务之中，查丁接受"鲑鱼渔业皇家委员"这一任命，负责调查英国渔业急速下降的原因。

在他漫长而辉煌的职业生涯中，查丁获得了来自全球各地的荣誉。他在许多科学学会中发挥着中心作用，直至 74 岁当他还在办公桌前忙

PLATE 8.

COMMON FLYING FISH.

British Seas

3.

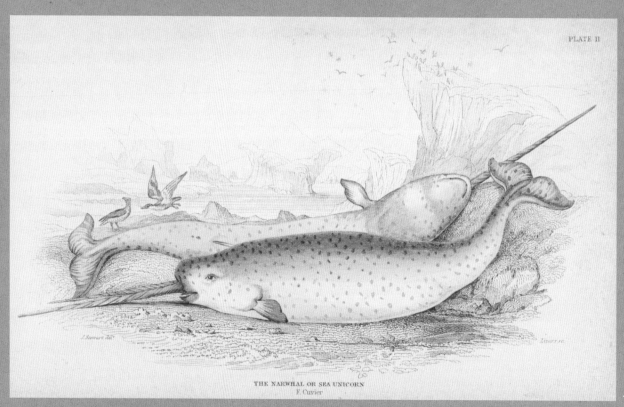

PLATE II

THE NARWHAL OR SEA UNICORN
F. Cuvier

4.

3. 飞鱼利用延长低矮的尾鳍快速划过海面，然后张开它们那巨大的胸鳍提高躯体。受此驱动，飞鱼就可以离开水面。这样，它们能滑翔 50 米甚至更远。

4. 一角鲸（*Monodon monoceros*）最引人注目的特征是它们脑袋上伸出的长牙，那是从左上颚突出唇外的犬齿，长度可达 2～3 米，呈螺旋状，因为长得像角，故而得名。只有雄性一角鲸才有长牙，雌性一角鲸看起来很像它们的近亲白鲸。

于看校样时，突发严重的中风而去世。他和蔼可亲，似是不在意任何社会地位，查丁一生工作的唯一目的就是让"尽可能多的民众了解他们周围那奇妙的世界"。在他众多的成就中，毫无疑问他对《博物学家全集》所做的工作为他那宏伟目标的实现贡献最多。

海豹、海狮以及海象都属于哺乳动物食肉目，又因为它们都长有毛或翅膀样的鳍脚，故将它们一起归为鳍足亚目。鳍足亚目约有 50 种，隶属于 3 个科：海豹科或"无耳朵"的真海豹；海狮科或"有耳朵"的海狗和海狮；以及密切相关的海象科（Odobenidae）（仅包括海象）。它们中，体长最小的要属贝加尔湖海豹，仅有 1 米长；而最长的应是真正的海洋巨无霸——南象海豹，有些雄性个体其体长可达 6 米，体重高达 4000 千克，这使得它们成为现存最大的食肉动物。

尽管在世界各大海洋均有发现，但大多数鳍足动物还是喜欢冷水海域。虽然它们一生大部分时间在水里度过，但所有的鳍足动物都必须到岸上（或爬到冰上）繁殖、产仔、照料幼崽。（于珊珊 译，祝茜 校）

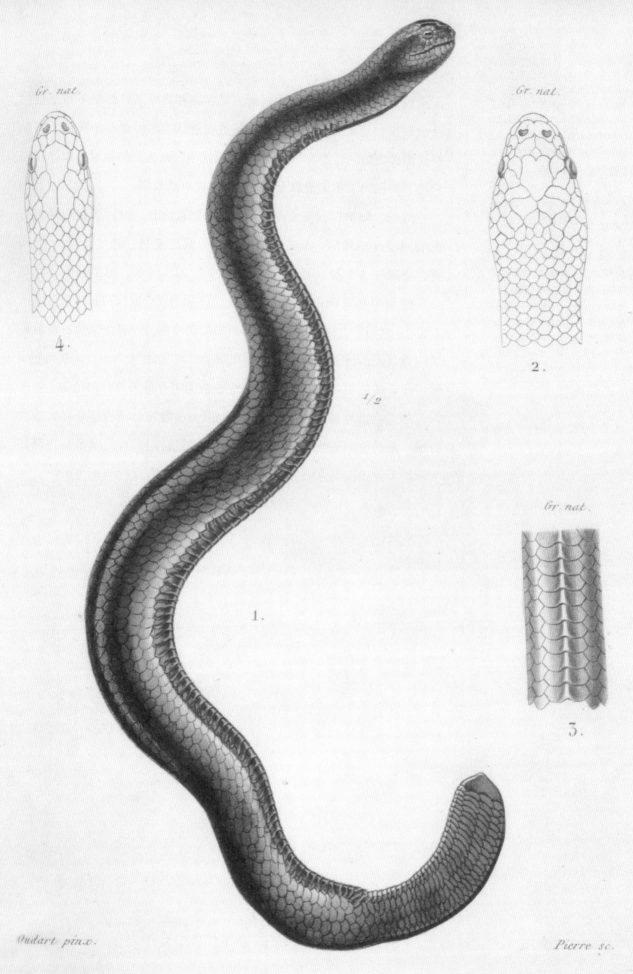

4.

2.

1/2

Gr. nat.

1.

3.

Oudart pinx.

Pierre sc.

1. Aipysure fuligineux. 2. La tête vue en dessus. 3. Portion du tronc du même vue en dessous. 4. Tête de l'Aipysure lisse vue en dessus.

海蛇的能指

作者
康斯坦特·杜梅里（Constant Duméril, 1774—1860）
加布里埃尔·比布伦（Gabriel Bibron, 1806—1848）
奥古斯特·杜梅里（Auguste Duméril, 1812—1870）

书名
Erpétologie générale, ou histoire naturelle complète des reptiles (*General herpetology, or a complete natural history of reptiles*)
《爬虫学概论》（或《爬行动物的自然史大全》）

版本
Paris: Roret, 1834–1854

1. 黄斑海蛇（*Aipysurus laevis*）是最为常见的海蛇，发现于澳大利亚东部暗礁。与其他海蛇一样，它有剧毒，但通常很温顺，除非在繁殖期才具有攻击性。

康斯坦特·杜梅里是法国比较解剖学黄金时代的一名动物学家，那是一个地理大发现和智力大爆炸的时代。他于 1774 年出生于法国北部的亚眠（Amiens），在附近的鲁昂（Rouen）学习医学，19 岁大学毕业。杜梅里年轻时就担任了鲁昂医学院院长一职，一直干到 1799 年离开鲁昂前往巴黎。在巴黎，他进入了医学系，主要负责解剖学的工作。在此期间，杜梅里深受与他同一时代著名的生物学家巴伦·居维叶的影响，他辅助巴伦·居维叶编辑富有影响力的《比较解剖学教程》（*Leçons d'anatomie comparée*）一书。后来，巴伦·居维叶被任命为公共教育督察员，忙于大革命后的教育改革工作。杜梅里便取代巴伦·居维叶而成为巴黎大学的博物学教师。

1803 年，经巴伦·居维叶推荐，杜梅里成为当时杰出的前辈博内德·拉塞佩德（Bernard Lacépède，1756—1825）的助理。尔后继任拉塞佩德所担任的巴黎自然博物馆爬虫学（研究两栖和爬行动物）和鱼类学教授一职，在那里他度过了余下的职业生涯。

杜梅里出版的书籍涉及面广泛，其工作涵盖了整个动物界。1804 年，他出版了《自然史之旅》（*Traité d'histoire naturelle*）以纪念巴伦·居维叶。第二年，他那闻名于世的《动物学解析》（*Zoologie analytique*）第一版问世。尽管这些大规模的分类工作很重要，但杜梅里最著名的地方在于精细的解剖学和爬虫学研究。其中，非凡的《爬虫学概论》（或《爬行动物的自然史大全》）是他最为不朽的遗作。这部不

平凡的大部头著作是世上极少、内容覆盖所有已知爬行动物和两栖动物的书籍，对研究爬虫学的学生具有无限的参考价值。这一巨著出版发行于1834—1854年，是在杜梅里信任的助理加布里埃尔·比布伦协助下完成的。比布伦来自拿破仑闻名遐迩的希腊伯罗奔尼撒（Peloponnese）军事和科学探险队，探险归来后，于1832年加入杜梅里团队工作。

　　杜梅里和比布伦一起从事《爬虫学概论》的编写工作。直到1845年，比布伦因感染肺结核，被迫离开杜梅里到瑞士边境附近的圣阿尔帮莱奥（Saint-Alban-les-Eaux）接受治疗。不幸的是，比布伦再也没能返回巴黎，42岁病逝于圣阿尔帮莱奥。比布伦的去世对杜梅里来说是一重大的个人损失。但在杜梅里的儿子奥古斯特·亨利·安德

2. 杜梅里父子在《爬虫学概论》最后一卷收录了由玛丽·菲尔曼·伯克特（Marie Firmin Bocourt）制作的加布里埃尔·比布伦肖像画，作为卷头插画，以此纪念比布伦对这一著作的伟大贡献。

列·杜梅里（时任巴黎大学比较生理学副教授）的帮助下，杜梅里继续著作的编写工作。1854年，第九卷和最后一卷《爬虫学概论》出版发行，同时配有一套绘制漂亮的图集，内含108幅整页插图。

小杜梅里负责完成第七卷（分两部分）和第九卷的工作。在第七卷的第二部分，杜梅里父子论述了一种奇怪的海蛇，他们把它命名为乌黑剑尾海蛇（*Aipysurus fuligineux*），并在附带的整幅插图中对其进行了图解说明。他们对这一物种的描述仅局限于莫里斯·阿诺克斯（Maurice Arnoux）收集的一个标本上。阿诺克斯是法国"莱茵河号"（Le Rhin）轻巡洋舰上的一名船医，曾于1842—1846年航海到太平洋。根据杜梅里父子的判断，阿诺克斯从新喀里多尼亚（New Caledonia）收集的这一标本，与当时博物馆收藏的另外两种海蛇不同。博物馆其中的一条海蛇是由到澳大利亚的博丹（Baudin）探险队（1800—1804）1804年贡献的（见61页），拉塞佩德将其命名为"光滑的剑尾海蛇"，即黄斑海蛇（*Aipysurus laevis*）。实际上，乌黑剑尾海蛇与黄斑海蛇之间的显著不同之处——主要是体色，还有鳞片和牙齿的细节——现在认为不过是同一物种不同个体间所表现出的个体差异而已。所以杜梅里笔下的乌黑剑尾海蛇其实就是分布广泛的印度洋–太平洋黄斑海蛇。

世界上约有3400种蛇，它们中的绝大多数只能生活在陆地，只有60多种眼镜蛇科的家族成员完全适应了海洋生活。这好比鸟类中的海燕（见219页），不能再于陆地上生活了。这些属于海蛇亚科的海洋蛇类，全都生活在印度洋–太平洋地区的温暖水域中。

从解剖结构到行为，海蛇都表现出对海洋生活的高度适应。这从它们侧扁如桨的尾巴以及横向侧扁的体型上就可窥见一斑，而这样的体型特征极大地增强了海蛇的游泳能力。大多数海蛇腹部鳞片减少，甚至有些海蛇腹部鳞片变为尖锐的龙骨，这一点在杜梅里的剑尾海蛇的插图里描绘得很清晰。在上述两种情况下，海蛇腹部鳞片的改进有利于游泳，但实际上又使得它们无法在陆地生活。

海蛇一生都在海里度过，它们于珊瑚礁上或是红树林根系间捕食，

Pl. 76 bis

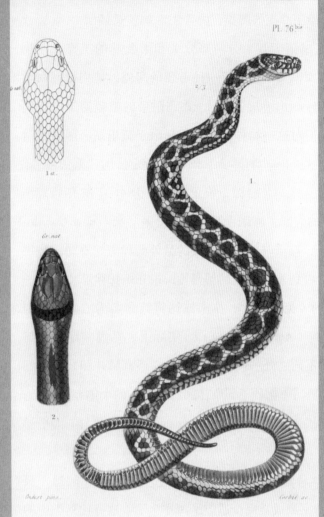

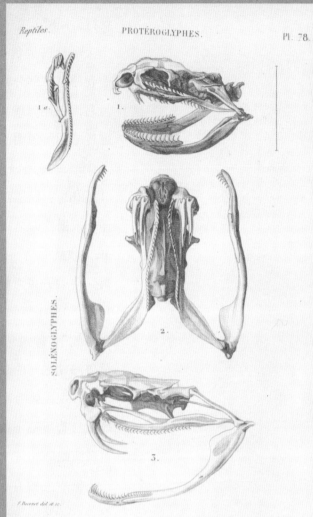

Gr. nat

1 a.

Gr. nat

2.

1 a.

1.

SOLÉNOGLYPHES.

2.

3.

Ochart pinx.   Cochié sc.

F. Bocourt del. et sc.

1. Alecto panachée.   1 a. Tête du même vue en dessus.

2. Tête de l'Alecto couronnée.

1. Hydrophis pelamidoïde;   1 a. Portion droite de la machoire supérieure;   2. Crotale durisse;

3. La même de profil.

3. 大多数眼镜蛇，例如盔头蛇（*Holocephalus bungaroides*）是陆生的，缺少它们的海蛇亲属所具有的改进的腹部鳞甲。杜梅里的艺术家朋友保罗·路易斯·奥达特（Paul Louis Oudart）巧妙整理了这一标本从而使其腹部表面清晰可见。

4. 前沟牙短而向前的沟状上颌牙齿（上）与南美响尾蛇（*Crotalus durissus*）高效的管状毒液运输系统（中，下）的比较。

主要以小鱼、甲壳动物以及身体柔软的软体动物为食。大多数海蛇在海里繁殖，妊娠期长达 9 个月。它们产下的幼体发育良好，很快就可以照料自己了。人们发现几乎所有的海蛇都生活在近岸，通常在珊瑚礁上或其四周，它们靠短钝的头部在珊瑚礁中打洞以寻找食物，还可以逃避天敌。

眼镜蛇是剧毒的蛇类，而大多数海蛇也都是蛇中毒性最强的。相比较而言，内陆太攀蛇（*Oxyuranus microlepidotus*）是陆地上毒性最强的蛇类之一，一次排出的毒液足以杀死 100 个成年人；据估计贝尔彻海蛇（*Hydrophis belcheri*）的毒性是太攀蛇的 100 多倍。幸运的是，跟它们的陆地表亲不同，海蛇不具有攻击性。只有受到强烈的刺激时，才有可能咬人一口。如果被渔网误捕，即使被咬中，海蛇释放毒液的机会也低于 1/4。并且，海蛇是前沟牙（就是向前的沟状毒牙），长度很少超过 0.5 厘米，这就使得人们中毒的风险非常低。（于珊珊 译，祝茜 校）

德奥尔比尼
叹为观止的海星和海兔

作者

艾尔希德·德萨利纳·德奥尔比尼（Alcide Dessalines d' Orbigny, 1802—1857）

书名

Mollusques, échinodermes, fora-miniferes et polypiers, recueillis aux îles Canaries par MM. Webb et Berthelot (Histoire naturelle des îles Canaries, par mm P. Barker-Webb et Sabin Berthelot...t. 2, 2e ptie) (Mollusks, echinoderms, foraminiferans and polyps, collected from the Canary Islands by Messrs. Webb and Berthelot [In Webb and Berthelot's Natural history of the Canary Islands, v.2, pt.2])* 《韦伯和贝特洛先生收集的加纳利群岛的软体动物、棘皮动物、有孔虫和水螅》（韦伯和贝特洛《加纳利群岛的自然史》，第二卷，第二部分）

版本

Paris: Béthune, 1839

1. 尽管大部分海星有 5 条腕，但有些个体，如蓝色多刺海星（*Coscinasterias tenuispina*）有更多的腕，6 ～ 12 条不等。

身为贵族的英国植物学家、地理学家菲利普·巴可·韦伯（Philip Barker Webb，1793—1854），因其父亲在 1815 年去世而继承了家产，从此他可以实现自己的愿望，自由地去追求科学兴趣与探索自然。他先游遍欧洲，又在地中海周围进行游历，接着进入北非，而后决定去巴西。1828 年 9 月，韦伯于旅途中到达了特内利夫岛（Tenerife），它是加纳利（Canary）火山群岛中最大的一个岛屿，距离摩洛哥海岸约100 千米。韦伯原本打算在此稍作停留。然而，就在他离开岛屿之前，遇见了萨万·贝特洛（Savin Berthelot，1794—1880），一个与他年龄相仿的法国小伙子，他们共享对自然史和探索的热忱。此前，贝特洛已在特内利夫岛上生活了 8 年，并与皮埃尔·亚历山大·奥柏（Pierre Alexandre Auber，1784—1843）一起在当地建立了一所学校，还在岛上北部海岸的欧若塔瓦（Orotava）经营着一个小型的植物园。在接下来的两年中，韦伯和贝特洛对加纳利群岛进行了探索，收集了大量的动植物标本，研究了该岛的地质和地理结构，了解岛上的土著居民和他们的风俗习惯。韦伯和贝特洛的探索活动详尽彻底，丝毫不忽视物理的、生物的和人类学的观测，这些观测对于编著岛屿的综合自然史是必需的。

1830 年 4 月，韦伯和贝特洛完成了工作，前往巴黎。但那时，巴黎正处于七月革命的混乱之中，所以他们选择在日内瓦定居。1833年，法国社会稳定了，韦伯和贝特洛便迁居巴黎。他们用韦伯的钱建了一所图书馆，着手准备他那令人震撼的植物标本。据说这一私人收藏在全法国仅次于本杰明·德里泽特（Benjamin Delessert），位居第二（见 107 页）。

在接下来的几年里，他们一起工作，为这一包含 9 部分、共计 3 册、出版时间跨度 14 年（从 1836 年延续到 1850 年）的不朽著作——《加纳利群岛的自然史》(*Histoire naturelle des îles Canaries*) 准备素材。韦伯负责起草《加纳利群岛的自然史》的主要章节，描述了大部分的地质、植物还有岛上的小型哺乳动物。贝特洛则负责撰写岛上土著居民的历史，提供详尽的人种学以及详细的考古和地理学观测报告。然而就在起草《加纳利群岛的自然史》期间，韦伯和贝特洛之间的关系变得日益紧张。1846 年，贝特洛返回特内利夫岛，在那里度过余生直至 1880 年去世。

奔波于英格兰南方的乡村别墅和巴黎的居所之间，韦伯继续为《加纳利群岛的自然史》从事着植物学的研究。而动物学论著的那部分，他则交给了他所招募的很多著名的法国专家，其中之一便是闻名于世、在巴黎自然博物馆工作的探险家、博物学家艾尔希德·德萨利纳·德奥尔比尼。那时，德奥尔比尼刚结束了史诗般的南美旅行，正在撰写发现报告，最终出版了共 9 卷的《南美旅行》(*Voyage dans l'Amérique méridionale*)。这一工作被达尔文称作 "19 世纪最伟大的科学丰碑之一"。

作为查尔斯·亨利·德萨利纳·德奥尔比尼（Charles Henry Dessalines d'Orbigny）的哥哥，德奥尔比尼是富有影响力的 19 世纪比较解剖学的翘楚巴伦·居维叶的爱徒，后来他自身也成为法国最受尊敬的古生物学家和生物地层学的奠基人。但韦伯认识他的时候，德奥尔比尼以颇有成就的动物学家著称，因为他从年轻时代就研究海洋无脊椎动物；而他受到人们的广泛尊重则是因为他对于海洋有孔虫（有壳变形虫的寄生虫）所做的开创性工作，这一工作为微体古生物学（Micropaleontology）这一学科的建立奠定了基础。

德奥尔比尼研究了韦伯和贝特洛收集的大量无脊椎动物标本，研

2. 德奥尔比尼描述了韦伯和贝特洛收集的大量海星，其中就有漂亮的槭海星（*Astropecten aranciacus*）（上）和刺葵海星（*Narcissia canariensis*）（下）。

3. 德奥尔比尼为了纪念其收集者菲利普·巴可·韦伯而命名的海星 *Stellonia webbiana*（下），其实与林奈约 80 年前所描述的海星是同一个物种，即今天我们所指的细海盘车（*Marthasterias glacialis*）。

Asterias aurantiaca.
A. canariensis.

Ophidiaster ophidianus.
Stellonia Webbiana.

究成果以综合报告的形式，作为《加纳利群岛的自然史》第二卷的一部分于 1839 年发表，题目是《韦伯和贝特洛先生收集的加纳利群岛的软体动物、棘皮动物、有孔虫和水螅》。在这一著作中，德奥尔比尼描述了大量的新物种，包括漂亮的海星（作者在文章中辅以图片对其进行了描绘）。为了纪念韦伯，他把其中一个海星物种命名为 *Stellonia webbiana*。

《加纳利群岛的自然史》包含 400 多幅插图。因为韦伯有财力召集当时最好的博物学家和画家。德奥尔比尼的论文无一例外都配有精美的插图。有些图画，比如斑海兔是由德奥尔比尼亲自描绘的。

海星隶属于海星纲，是适应性很高的棘皮动物。在世界各大海洋

4. 黑指纹海兔（*Aplysia dactylomela*）是雨虎属一种大型的海蛞蝓，通常可达 15 厘米，有的个体甚至能够长到 41 厘米。遇到潜在的天敌时，雨虎属能够排放一团云状的粉色墨汁刺激对方，保护自己。

之中，大约生活着1600种海星，从潮间带到海洋深渊都可见到它们的踪迹，甚至在北极的冰川下也生生不息。如同它们棘皮动物的许多亲属，比如蛇尾纲（见36页），海星也具有典型的星形躯体结构，5条（或多于5条）腕从中央的体盘呈辐射状伸出。正如海胆（见184页），海星可利用位于身体腹面、沿步带沟两侧着生的成排管足四处移动。

大多数海星类都是贪食的肉食性动物，可以摄食包括贝类在内的多种动物。它们摄食时先以腕围住猎物，再靠管足将其抓住。这样紧紧地抓住之后，就可使猎物用于关紧贝壳的闭壳肌筋疲力尽，海星就趁此机会慢慢地撬开贝类的双壳。一旦贝壳稍微打开一点，海星就立刻翻出胃插入壳口内，消化软体动物柔软的组织。

很多海星有非凡的再生其丢失或损坏的腕和其他结构的能力。如德奥尔比尼为纪念韦伯而命名的 *Stellonia webbiana*，就可以由单条腕再生出一个完整的体盘。

具有讽刺意味的是，当地渔民认为海星是有害的，因为它吃值钱的贻贝和牡蛎。所以一旦误捕，渔民就把它们撕成碎片扔回水里——而这样做，只能再生出更多的海星。（于珊珊 译，祝茜 校）

尖吻鲭鲨：
海洋中最敏捷的鲨鱼

作者
约翰尼斯·缪勒（Johannes Müller, 1801—1858）

书名
Systematische Beschreibung der Plagiostomen
(*Systematic description of the Plagiostomes*)
《横口鱼类的系统学描述》

版本
Berlin: Veit und Comp., 1841

1. 拥有漂亮流线体型且力量强大的尖吻鲭鲨（*Isurus oxyrinchus*），保持着最远旅行距离的速度纪录（一个个体 37 天可游 2100 多千米，平均每天可达 58 千米）。

德国医生约翰尼斯·缪勒，同时也是一位富有开拓精神的生理学家，他的工作为现代人体生理学的科学研究奠定了基础。他出生于科伦布茨（Koblenz）的莱茵兰城（Rhineland city）一个极其普通的家庭，父亲是一名制鞋匠。因为缪勒一个老师的干预，他才幸免沦为制革业的小学徒，最终考取了当地的大学。

最初缪勒打算从事神职工作，所以他学习古典文学，并且成绩突出。但到 18 岁时，他发现自然科学更有吸引力，因此 1819 年进入波恩大学（University of Bonn）就读医学。1824 年毕业后，他成为波恩大学医学院的讲师，讲授生理学和比较解剖学。4 年后，他便升任生理学副教授。缪勒擅长于微观研究和实验生理学。他发表了一系列重要的论文，内容涉及人体及动物的视觉和发声系统的中枢控制机制、内分泌学、生殖系统结构等，其研究成果让缪勒蜚声国际。

1833 年，缪勒荣任柏林洪堡大学（Humboldt University）解剖学与生理学教授。1834—1840 年，他那具有高度影响力的《人类生理学手册》（*Handbuch der Physiologie des Menschen*）分两卷出版；1837—1843 年，其英文版问世。那时缪勒的助理是泰奥多尔·施旺（Theodor Schwann, 1810—1882）。施旺建立了细胞学说，认为细胞是动物的基本结构单位。不久，缪勒开始一系列的细胞病理学研究，尤其偏重与癌症有关的细胞病理学的研究。他的研究为一崭新的领域——病理组织学奠定了基础。

19 世纪 40 年代早期，缪勒将其研究重点重新调整到比较解剖学和基础动物学上，尤其是对鱼类和海洋无脊椎动物的研究。他率领探险队进行了一系列远航，到过波罗的海、北海、亚得里亚海以及地中海。其间，他和他的学生收集了大量标本，正是这些标本构成了他那非凡而详尽的解剖与发育学研究的基础。成果之一便是 1841 年发表的具有划时代意义的、关于鲨鱼和鳐鱼的分类论文《横口鱼类的系统学描述》。这一工作是缪勒与前任助理、著名的解剖和生理学家弗里德里希·古斯塔夫·雅各布·亨利（Friedrich Gustav Jakob Henle，1809—1885）共同完成的。

缪勒和亨利的专题论著，描述了那时已知的 214 种鲨鱼和鳐鱼的解剖结构，这是开拓性的创举。缪勒提出的很多物种的科属分类地位直到今天依然在沿用。《横口鱼类的系统学描述》还附带了绘制精美的、手工着色的平版全幅插图。这些插图不仅说明了每一物种的外部结构，还提供了下颌和齿的形状、方向的详细信息，同时描绘了细小的、包绕着动物体的齿状盾鳞的结构。缪勒研究过各种不同生物的解剖结构和分类地位，从棘皮动物的解剖发育到海洋有孔虫和放射虫的微观结构，他都对其进行了详细研究。

缪勒对医学和动物学的很多领域都产生了深远的影响。他辅导了无数的学生和同事，其中很多人都成为医学生理学和自然科学领域的领军人，比如：赫尔曼·冯·亥姆霍兹（Hermann von Helmholtz，1821—1894）、泰奥多尔·施旺、雅各布·亨利、恩斯特·海克尔。

缪勒在他最具盛名时于柏林去世，年仅 57 岁。在他一生的大部分时间里，都遭受着让人衰弱的抑郁症的折磨。有迹象表明，在抑郁症发作期，缪勒曾经自杀过。无论如何，缪勒的去世令他的学生、同事、科研机构悲痛哀悼。是缪勒确立了柏林在世界医学研究中的主导中心地位，并把柏林博物馆提升到国际水平的高度。1899 年，为了纪念这位科学家，人们在缪勒的家乡科伦布茨竖立起他的雕塑。

鲨鱼、鳐鱼以及它们的近亲银鲛（俗称鲭带鱼）组成了脊椎动物的软骨鱼纲（软骨鱼类）。横口鱼类（Plagiostoma）是一个古老的术

2. 犁头鳐（*Zapteryx brevirostris*），正如其他犁头鳐科成员，虽有鲨鱼样的尾巴，但却是真正的鳐鱼。图中显示犁头鳐头上强有力的颌，用以粉碎底栖的甲壳纲动物和多毛虫。

RHINOBATUS (SYRRHINA) BREVIROSTRIS

2.

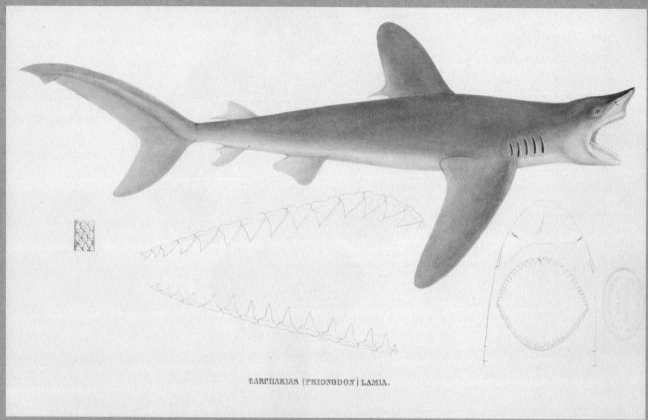

CARCHARIAS (PRIONODON) LAMIA.

3.

3. 这一鲨鱼的真实身份——缪勒和亨利命名的噬人鲨（*Carcharias lamia*）——目前还不清楚。尽管有人认为它是大白鲨（*Carcharodon carcharias*），但它的鳍和牙齿的细节显示它更像是白真鲨（*Carcharhinus leucas*）。

语，意指仅包括鲨鱼和鳐鱼的一个亚群（板鳃亚纲）。尽管它们拥有历史久远的，甚至可追溯到 4.2 亿年前的化石记录，但现在软骨鱼类的化石 1 亿年前才开始出现。现代的软骨鱼与它们远古的亲戚相似性很低。现今生活的这一亚群，大概每 1000 个个体就包含 560 条鳐鱼和440 多条鲨鱼。尽管缪勒所命名的很多鲨鱼和鳐鱼与我们今天所识别的相似，但不同科的鲨鱼之间的相互关系如何，还有鳐鱼如何适应等问题都是现今的研究课题。但对此问题的清晰描述至今尚未出现。

缪勒和亨利绘制了他们命名为 *Oxyrhina glauca* 的精美图画，后来证明此尖吻鲭鲨正是 30 多年前康斯坦丁·塞缪尔·拉菲奈斯鸠（Constantine Samuel Rafinesque）所描述并命名的 *Isurus oxyrinchus*。因为拉菲奈斯鸠的命名更早一些，所以被优先采用。而 *Oxyrhina glauca* 只是 *Isurus oxyrinchus* 的同物异名，故 *Oxyrhina glauca* 这一名字后来不再使用。无论它的科学命名是什么，尖吻鲭鲨或称为灰鲭鲨，都是海洋中游速最快的动物之一，可以保持超过 48 千米 / 小时的高速，而瞬间迸发速度高达 72 千米 / 小时。尖吻鲭鲨还会表演不可思议的杂技跳跃，通常在空中可跳到 9 米的高度。它是贪婪的肉食动物，之所以能够完成如此高水平的动作，是因为跟其他鼠鲨科或鲭鲨（包括大白鲸）相似，尖吻鲭鲨能够将体温提高，而且远超周围的水温。体温的升高又是通过高度复杂的逆流热交换系统完成的，借此可以加热大脑、眼、游泳肌，使其体温比周围环境温度高 13℃。

（于珊珊 译，祝茜 校）

雪茄螺

作者

让-查尔斯·舍尼（Jean-Charles
Chenu, 1808—1879）

书名

*Illustrations conchyliologiques ou de-
scription et figures de toutes les coquilles
connues vivantes et fossiles, classées
suivant le système de Lamarck, modifié
d'après les progrès de la science et
comprenant les genres nouveaux et les
espèces récemment découvertes
(Conchological illustrations or descrip-
tion and figures of all known living
and fossil shells, classified according
to the Lamarkian system, modified in
accordance with the progress of science
and including new genera and species
recently discovered)*
《根据拉马克系统分类的现存
与化石贝壳绘图——根据科学
进展修正，包含近期发现的新
属和新种》（以下简称《根据
拉马克系统分类的现存与化石
贝壳绘图》）

版本

Paris: Fortin Masson, 1842–1854

1. 近 200 年来，海之荣光芋螺
（*Conus gloriamaris*）被认为是
世界上最珍稀的贝壳。1969 年，
人们发现了它的栖息地，随着越
来越多的海之荣光芋螺进入市
场，其价格也开始骤然下降。

法国医生让-查尔斯·舍尼出生于法国东北部城市梅斯（Metz），在那里他开始学习医学，后来到巴黎继续进行医学实践。21 岁的时候，舍尼作为一名战场军医，在法国军队征服阿尔及利亚（Algeria）的战争中开始服兵役。回国途中，他在法国东北部城市斯特拉斯堡（Strasbourg）结束了医疗实习，获得医师执业证书。当霍乱在法国南部奥德省（Aude）爆发的时候，舍尼正在当地。奥德省行政长官感染了霍乱，舍尼对他成功的治疗使自己声名大噪，此间他认识了加布里埃尔和本杰明·德里泽特兄弟。

依靠和德里泽特兄弟的友情，舍尼被政府任命为富裕的巴黎近郊帕西（Passy）著名矿泉的检查员，德里泽特兄弟也在那里安家。家庭的女主人德里泽特夫人，是本杰明·富兰克林（Benjamin Franklin）在巴黎时的友人，而富兰克林享用的矿泉水正是舍尼所负责监管的。在帕西的时候，舍尼发表了一篇重要的治疗霍乱的报告，并且承担一系列关于帕西富含铁的矿泉的药性研究课题。

于勒·保罗·本杰明·德里泽特（Jules Paul Benjamin Delessert，1773—1847），舍尼的赞助者，德里泽特兄弟中的哥哥，是巴黎社会的重要人物。他是位成功的实业家、发明家、有影响力的金融家、非常敏锐的业余植物学家和"贪婪"的标本收集者，巨大的财富使他的各类自然标本藏品蔚为壮观。德里泽特收集了大量来自全球的贝类，包含 10 万多个标本，且很多是花大价钱购得的。据说其中一个花了他

6000 法郎，这在当时确实价格不菲。而被他委托管理和保存这些私人收藏的人正是舍尼。

1842—1854 年，舍尼发表了他的第一本自然史研究著作，名字是《根据拉马克系统分类的现存与化石贝壳绘图》，他以此书题献给德里泽特以示作者深深的敬重与感激。这部作品很大程度上是基于德里泽特的藏品写作的，共分为 4 卷，包括 480 多幅漂亮的手工着色的对开铜版插图。

很多当时著名的艺术家和雕刻家对这宏伟的篇章作出了贡献，书中细致地描绘了鸡心螺贝壳复杂花纹的人正是著名的让-加布里埃尔·普莱特。舍尼为他提供了所有可得到的贝壳，也就是说他没有像当时多数贝壳学家（见 158 页）那样研究只局限于软体动物的壳，而是包含了一系列其他海洋生物的壳，例如，海洋有管多毛虫（见 164 页）和藤壶（见 123 页）。

许多作品紧随着这划时代的贝壳学研究的相继出版，或许舍尼最突出的贡献是 1850—1861 年出版的宏大的《由各个时期各个国家杰出的博物学家完成的自然史百科全书》(*Encyclopédie d'histoire naturelle ou traité complet de cette science d'après les travaux des naturalistes les plus éminents de toutes les époques*)，这是一本 22 卷的汇编书，该书凝聚了当时法国无数顶尖博物学家的心血。

1868 年，舍尼从政府部门退休，但他依然通过成立慈善机构积极地参与军事医疗以照顾受伤的士兵。1870 年的普法战争中，他也在慈善救护队中发挥着积极的作用。1879 年，舍尼在巴黎去世，享年 71 岁。

古往今来，鸡心螺因其贝壳复杂的花纹和色彩备受收藏家的青睐，德里泽特也不例外。舍尼描绘了这些令人惊叹的海洋腹足类软体动物中 16 个物种样本，它们拥有不同颜色和图案。

典型的鸡心螺主要生活在热带海岸，常埋于沙子中、岩石间或珊瑚碎石和珊瑚礁边上。它们都是肉食性的，主要以海洋蠕虫类及小鱼为食。由于鸡心螺的行动相当缓慢，它们不得不利用有效的猎物追捕

2. 很多多毛纲（*polychaetes*）物种，包括奇怪的意大利面条虫（蜇龙介科 *Terebellidae*）滤食的时候，利用高度改进的触须建立管道系统，以保护它们柔软的动物躯体。

3. 这些盘旋的管道是蛇螺（蛇螺属 *Vermetus*）的贝壳。这些奇怪的腹足类软体动物用伸长的不规则的管状外壳黏着在岩石或者其他贝壳上。

G. TEREBELLA. Linné.   G. AMPHITRITE. Lamarck.

T. Offersii. . . . . T. Nesidensis. . . . . A. Rugulosa. . . . . .
T. Tondi. . . . . T. Flexuosa. . . . . A. Malleri. . . . . .
V. Medusa. . . . . T. Neapolitana. . . . . . .

G. VERMETUS. Adanson.

V. Reptiferus. . . . . V. Turoinus. . . . . .
V. Margaritaceus. . . . . . V. Gigas. . . . . . .
V. Sipho. . . . . V. Peronii. . . . . .

2.   3.

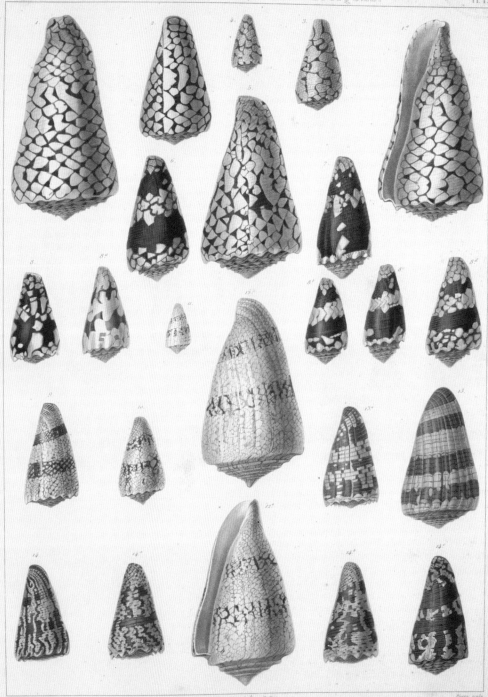

G. CONUS Linné.

1 à 2. C. Marmoreus. *Linné*   6 à 8. C. Nocturnus. *Bruguières*   13. C. Zonatus. *Bruguières*
3 à 4. C. Marmoreus. *var B*   9 à 11. C. Nicobaricus.   14. C. Fuscatus. *Born.*
5.   C. Bandanus. *Bruguière*   12.   C. Araneosus.

机制，即使用有毒的刺来"叉住"快速游泳的猎物。一个齿舌上的牙齿延伸出来，尖利且中空（多数腹足类齿舌仅有几排小牙）。当察觉到猎物时，鸡心螺迅速地伸出位于该牙顶端的长管状的喙。此牙与毒液腺相连，鸡心螺注射神经毒素麻痹猎物从而将其拖入口中消化。每次使用毒液时，齿舌都产生一颗新的毒牙以备下次攻击之用。

鸡心螺能够产生非常复杂的含数百种神经毒素的毒液（芋螺毒素）。一些个体较大的专门捕食鱼类的物种，对人类来说都是危险的，因为它们的牙能够轻易地穿透皮肤甚至橡胶，间或产生致命的后果。印度洋鸡心螺（*Conus geographus*）是一种含有剧毒的鸡心螺，通常被称为"雪茄螺"，意思是被它蛰后一般就只剩下抽支雪茄的时间了。当然这样说有些夸张，但因鸡心螺毒液致死的事件还是有文字记录的。

从积极的一面看，神经毒素作为一种药物的前景相当可观，尤其是应用在疼痛治疗领域。2004 年，美国食品和药物监督管理局已批准使用由神经毒素制成的止痛药。（刘莹莹 译，祝茜 校）

Crocodilus biporcatus.

施莱格尔的两栖动物指南

作者
赫尔曼·施莱格尔（Hermann Schlegel, 1804—1884）

书名
Abbildungen neuer oder unvollständig bekannter Amphibien, nach den Natur oder dem Leben entworfen
(Drawings of new or imperfectly known amphibians drawn from life in nature)
《新的或不完全了解的自然界两栖动物绘图》

版本
Düsseldorf: Arnz & Comp., 1844

作者 弗朗茨·施泰因达克纳（Franz Steindachner, 1834—1919）

书名 *Die schlangen und eidechsen der Galapagos-inseln*
《加拉帕戈斯群岛的蛇和蜥蜴》（见图4）

出版 Wien: K. K. Zoologisch-botanischen gesellschaft, 1876

1. 湾鳄（*Crocodylus porosus*）是咬合力最强的动物，成年湾鳄能非常轻易地咬碎成年牛科动物的头骨。最大的湾鳄标本纪录是1840年射杀于孟加拉湾体长10米的一头雄性鳄。

赫尔曼·施莱格尔出生在德国北部的阿尔滕堡镇（Altenburg）。尽管他最初对自然史尤其是鸟类研究很感兴趣，但后来还是开始在父亲的黄铜铸造厂当学徒。20岁时，出于对工作的不满，他决定追逐自己在自然史方面的兴趣，离开阿尔滕堡到了维也纳。在维也纳，施莱格尔遇到了当时很多顶尖的博物学家，在这些有影响力的人们的帮助下，他被介绍给约瑟夫·纳特（Joseph Natterer，1787—1843），后者在维也纳自然博物馆给他安排了一个职位。

显然，施莱格尔给人留下了一个积极的印象，因为一年后，博物馆馆长把他介绍给莱顿市荷兰自然博物馆的第一任馆长、显赫的荷兰贵族和博物学家康纳德·雅各·特明克（Coenraad Jacob Temminck，1778—1858）当助手。施莱格尔搬到莱顿市，在特明克的指导下开始了他的职业生涯，很快他就成为特明克最出色的学生。33年后，特明克去世，施莱格尔继任为莱顿市荷兰自然博物馆的馆长，直至1884年去世。

施莱格尔原计划是要去当时荷属东印度群岛殖民地巴达维亚（Batavia）（现在被称为雅加达）。不巧的是，莱顿当时的情况使他不能离开，也正是在那时，他结识了早年在日本工作已经回到荷兰的著名植物学家兼探险家菲利普·弗朗兹·冯·西博尔德（Philipp Franz von Siebold，1796—1866）（见158页）。他们两个建立了深厚的友谊，又一起对西博尔德宏伟的四卷书《日本动物区系》（*Fauna Japonica*）作出了贡献。

尽管施莱格尔以其对鸟类的研究闻名于世，但他最初专注的却是两栖动物和爬行动物研究，著作《新的或不完全了解的自然界两栖动物绘图》是他刚定居莱顿时最早发表的著作之一。这本插图精美的著作主要以荷兰政府资助的在印度工作的博物学家的绘图为基础。施莱格尔相信缺乏漂亮的两栖动物的绘图是研究它们的障碍，并且乐观地认为一系列彩色绘图的发表能够引起公众的注意。为了说明生动的插图是如何激起人们对研究对象的兴趣，他引用了很多鸟类的著作和弗雷德里克·居维叶发表的备受赞誉的哺乳动物汇编作为例证。为此，施莱格尔编译了一本附有简短文本的图集，该著作包含 50 幅彩色整版插图。他坚持认为宁可推迟提交新物种的正式描述，也不能推迟插图的发表。

施莱格尔发表著作是为了激起人们对两栖动物的兴趣，著作的题目也仅限于两栖动物，然而著作中讨论和描绘的爬行动物比两栖动物还多。在著作研究范围扩大以后，这是否是一个疏忽，是否是一个暂定书名被错误地保留下来尚未可知。提供这些生动绘图的艺术家的名字也不为人所知，施莱格尔也只提到这些绘图是从印度不同的画家那里得到。且不论这些，施莱格尔选中并收到著作中的最引人注目的插图之一是一只咸水鳄被精美描绘的头部。施莱格尔使用的名字 *Crocodylus biporcatus* 已被认为无效，现在唯一一种被识别出的远洋鳄鱼

2. 施莱格尔图集的扉页上使用的是特别而美丽的手写体。

3. 不管著作书名是什么，书中施莱格尔描述的大多数动物是爬行动物，这幅插图描绘了印度太平洋地区发现的一个海蛇物种——青灰海蛇（*Hydrophis caerulescens*）。

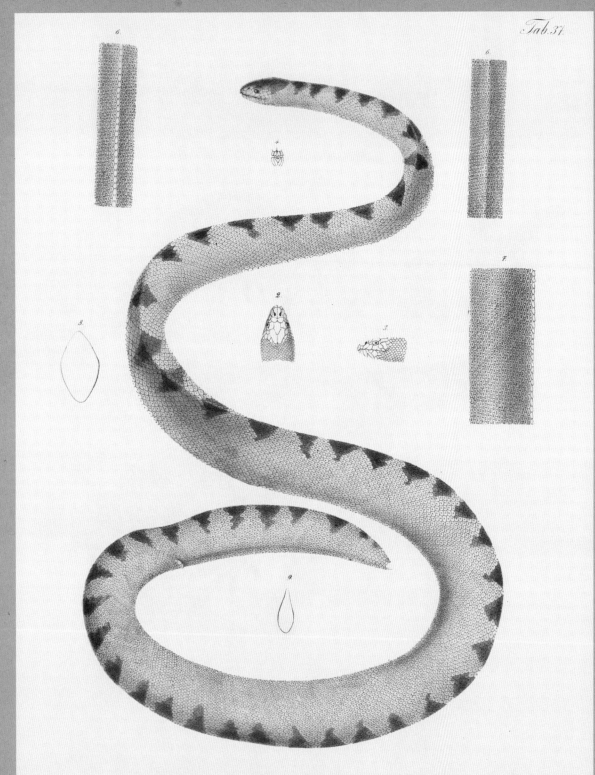

Tab. 31.

Hydrophis hibrida.

3.

F. Steindachner. Schlangen u. Eidechsen der Galapagos-Inseln.

Taf. III.

Festschrift d. k.k. zoolog. botan. Ges. in Wien 1876.

4.

是湾鳄（*Crocodylus porosus*）。在附带的插图中也精美地描绘了这个物种。

值得注意的是，生活在海洋中的两栖动物很少。在大约 7000 种两栖动物中，只有一种蛙（海蛙，*Fejervarya cancrivora*）能够忍受短时期浸在海水里，这种蛙大多数时间生活在海边的红树林。

在有鳞的爬行动物（鬣蜥、蜥蜴和蛇）中，尽管查尔斯·达尔文在加拉帕戈斯群岛发现的著名的单一物种海鬣蜥（*Amblyrhynchus cristatus*）也被认为是海洋生物，但只有一些海蛇（见 87 页）能适应海洋栖息地。在龟鳖目（海龟、陆龟、淡水龟）的 260 个物种中，只有海龟的 7 个物种（见 51 页）是完全的海洋生活方式。

远古海洋的情形非常复杂，当时无数远古的两栖动物和爬行动物类群——如鱼龙类、上龙类、蛇颈龙类和沧龙——是海洋里的顶级捕食者。（刘莹莹 译，祝茜 校）

Pl. 3

A

B

W.H.H. del.?

Eng.d by J. Peterkin, Dub.n

绅士的藻类学家

作者

威廉·亨利·哈维（William Henry Harvey, 1811—1866）

书名

A manual of the British marine algae: containing generic and specific descriptions of all the known British species of sea-weeds

《英国海洋藻类手册：包含所有已知的英国海藻属和种的描述》（以下简称《英国海洋藻类手册》）

版本

London: John Van Voorst, 1849

1. 褐藻属于海藻中个体最大且生长速度最快的藻类。有些，如左侧描绘的翅藻（*Alaria esculenta*）和右侧的绳藻（*Chorda filum*）是北大西洋东部地区的传统食物。哈维的手册是英国藻类研究早期的基础工作，图2—图5都是他绘制的藻类。

爱尔兰植物学家威廉·亨利·哈维出生于利默里克附近香农河河口的一个小镇，他是一个富有的贵格会商人家的幼子。儿时，哈维就对自然界非常着迷，十几岁时，他已经是一名热情的业余藻类学家。他多数的业余时间都漫游在爱尔兰海岸和乡村寻找海藻和苔藓植物。作为一名年轻人，他有幸发现了生长在基拉尼（Killarney）附近的亮绿油藓（*Hookeria laetevirens*）。这种苔藓最初在地中海被人们认识，其出现在爱尔兰显示了一种有趣的、令当时的植物学家困惑不已的地理格局。

享誉世界的生物学家威廉·杰克逊·胡克（William Jackson Hooker，1785—1865）（有些生物属种以他的名字命名），是格拉斯哥大学（Glasgow University）备受欢迎的植物学钦定讲座教授，当认识到哈维在植物学方面的天赋后，开始与他联系并且成为终身的好友。胡克指导哈维，并于1833年邀请年轻有为的藻类学家参与编写他著名的《英国的植物区系》（*British Flora*）新版的藻类部分，以及出版于1841年的《比奇太平洋与白令海峡之旅的植物》（*Botany of Beechy's Voyage to the Pacific and Behring's Straits*）。他把哈维介绍给当时的植物学精英，如杰出的植物学家罗伯特·布朗（Robert Brown，1773—1858）、后来成为范·达尔曼岛（Tasmania，塔斯马尼亚）殖民大臣的詹姆斯·埃比尼泽·比切诺（James Ebenezer Bicheno，1785—1851），以及胡克唯一的儿子、查尔斯·达尔文的密友约瑟夫·道尔顿·胡克（Joseph

Dalton Hooker，1817—1911）。

1835年，哈维和约瑟夫前往南非英属殖民地开普敦任职，但约瑟夫的身体状况恶化，于是两人离开开普敦返回爱尔兰。不幸的是，约瑟夫在归途中去世，哈维又再次回到开普敦任财政主管。在开普敦，他与奥托·威廉·新德（Otto Wilhelm Sonder，1821—1881）开始了不朽的《开普敦植物志》（*Flora Capensis*）的写作。哈维招募了很多当地的博物学家和收藏者帮忙，其中就有著名的玛丽·伊丽莎白·巴伯（Mary Elizabeth Barber，1818—1899）——女性博物学家的先驱。巴伯生活在一个对女性参与科学活动非常敌视的年代，因此，在他们最初联系时，她对哈维隐瞒了自己的性别。在多年的友情里，她帮助哈维为多个物种命名和分类，并且给他寄送了几百个有详尽笔记的标本。巴伯还与达尔文、约瑟夫·胡克及其他当时著名的科学家保持联系。虽然她是女性，但他们仍然非常欣赏她的才华与科学贡献。

哈维1842年回到爱尔兰，两年后获得都柏林圣三一学院荣誉博士学位，且被任命为学校植物标本馆的馆长。这期间，他完成了广受赞誉的《英国海洋藻类手册》的第二版，并于1849年出版，里面有28幅手工着色的平版印刷绘图。不同寻常的是，他将这一版献给了另一位非凡的女性——"托基的葛里菲兹夫人"。她就是爱米丽亚·葛里菲兹（Amelia Griffiths，1768—1858），一位对她所收集和观察到的藻类有着卓越认知的业余藻类学家，哈维对她特别敬重。秉持着他特有的慷慨和谦逊的原则，他写道，"与英国其他任何观察者相比，这位坚持长期开展研究的女士，对本国海洋植物学先进的地位作出了更大的贡献"，并且"这一卷书所拥有的大部分价值都归功于她对稀有样本的慷慨捐助以及对它们的精确描述"。

1848年，哈维成为都柏林皇家学会（Royal Dublin Society）的植物学教授，1856年，他被任命为圣三一学院植物系主任，并一直担任该职至1866年因肺结核去世。

哈维对藻类学的贡献是巨大的；他游历全球，出版的关于海洋藻类的重要著作不只包括英国和开普敦地区的，也有美国的、澳大利

2. 褐藻 A. 马尾藻（*Sargassum*）；B. 囊链藻属（*Cytoseira*）；C. 长角藻属（*Halidrys*）；D. 墨角藻属（*Fuscus*）。

3. 红藻 A. 红皮藻属（*Rhodymenia*）；B.珊瑚藻属（*Sphaerococcus*）；C. 江蓠属（*Gracilaria*）；D. 沙菜属（*Hypnea*）。

2.

3.

4.

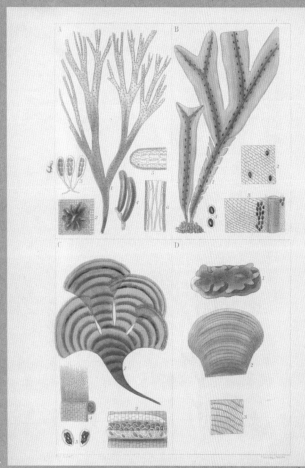

5.

亚的、塔斯马尼亚岛的以及南部海域的、北极的和南极的。他去世后不久，被公认为北美最伟大的植物学家的阿萨·格雷（Asa Gray, 1810—1888）这样写道："作为一位帅气而绅士，为人亲切而热心又秉性喜静、品位简约、为人虔诚的人，所到之处都能广交朋友毫不奇怪，也正因为如此，他的去世令世界各大洲和海岛的人们感到悲伤。"

海藻是一群大而多样的进行光合作用的植物样海洋生物的集合，自从 19 世纪早期就被分为 3 个主要类群：褐藻（Phaeophyta）、红藻（Rhodophyta）和绿藻（Chlorophyta）。尽管它们的颜色变化比较大，但是每个类群共享特有种类的光合色素，从而显示不同的主色调。虽然相似性很多，但这些海藻类群关系并不亲近。

褐藻大约有 1800 个物种，包含大型生物如巨藻，很奇怪它与微型硅藻（单细胞海藻）和卵菌（如引起类似马铃薯晚疫病这些疾病的微小病原体）的关系比与其他藻类更近。红藻大约有 6000 个物种，是海洋中非常重要的初级生产者，它包含珊瑚藻，能够分泌碳酸钙，帮助建造珊瑚礁。绿藻大约有 4000 个物种，是唯一一类和陆地植物亲缘关系较近的藻类，属于植物界。同其他植物一样，它们利用叶绿素进行光合作用，把营养物质储存为淀粉。

海藻，且不论它们之间的关系如何，都是海洋生态系统中重要的组成部分，它们如植物之于陆地一样在海洋中发挥着重要作用。（刘莹莹译，祝茜校）

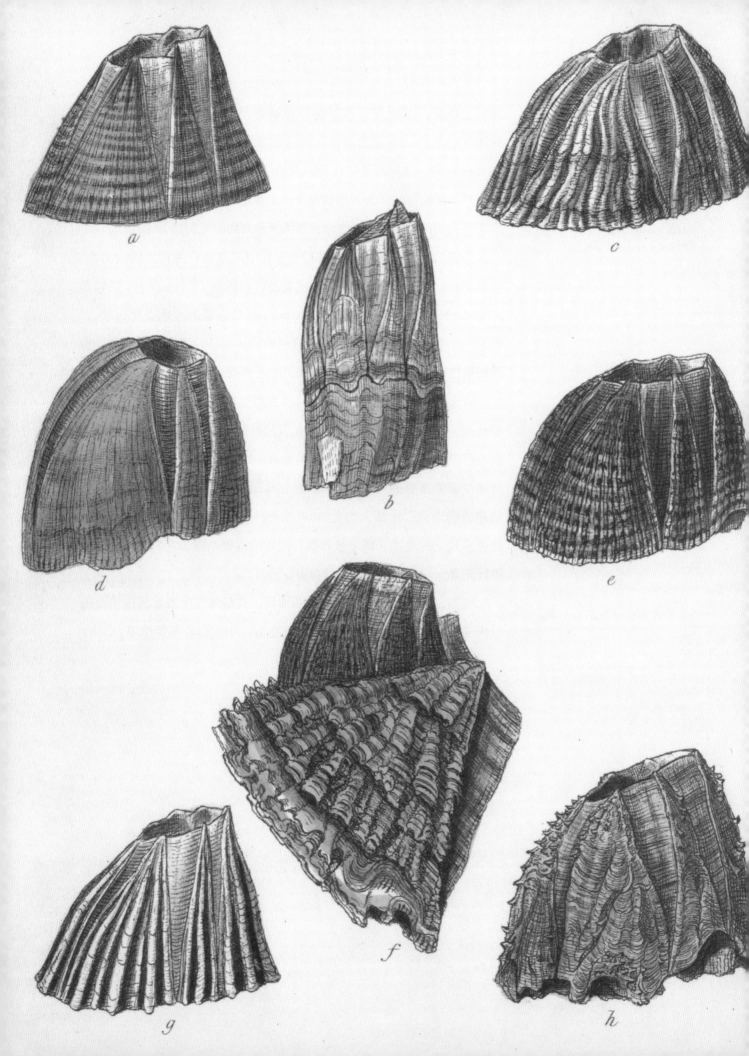

a

b

c

d

e

f

g

h

达尔文之"钟爱的藤壶"

作者
查尔斯·达尔文（Charles Darwin, 1809—1882）

书名
A monograph on the sub-class Cirripedia, with figures of all the species
《附带所有物种图片的蔓足亚纲专著》

版本
London: Ray Society, 1851–1854

作者 西奥多·爱德华·康托尔（Theodore Edward Cantor, 1809—1860）
书名 *Observations upon Pelagic Serpents (Trans. Zool. Soc. London, v.2)*
《深海巨蛇的观测报告》（伦敦动物学会会报，第二卷）（见图3）
版本 London: The Society, 1839

1. 达尔文认为钟巨藤壶（*Megabalanus tintinnabulum*）代表高度变异的物种。这种藤壶被认为起源于热带，但通过附着于船体现在已遍布全球。

查尔斯·达尔文因为提出具有划时代意义的自然选择之进化论学说而为世人瞩目，该学说的前提简单却与传统相悖，即所有生物均起源于共同的祖先。尽管人们普遍将达尔文与加拉帕戈斯地雀和巨龟联系在一起，但其实达尔文一生都沉迷于海洋无脊椎动物。1825年，达尔文被父亲送往爱丁堡大学学习他并不喜欢的医学。不过幸运的是，达尔文在布里尼学会（Plinian Society）找到了兴趣所在，因为该学会鼓励学生学习自然科学。布里尼学会每周都会组织其成员在福斯湾 [Firth（estuary）of Forth] 沿岸散步，期间大家一起就大自然展开讨论。

达尔文的导师——动物学家罗伯特·埃德蒙·格兰特（Robert Edmond Grant，1793—1874），通过教授达尔文采集和制作标本，点燃了达尔文对海洋无脊椎动物学的兴趣。1827年3月，达尔文向布里尼学会提交了他的第一篇学术论文，论证了苔藓虫用纤毛进行运动以及常见于牡蛎壳上的黑色斑点实际上是海洋水蛭的卵。对于一个有抱负的19岁青年来说，这些都是引人注目的发现。但遗憾的是，格兰特早达尔文三天将相同内容的发现介绍给了另外的读者。可以理解，达尔文觉得自己被出卖了，自此他与前任导师格兰特的关系再也没有恢复正常。在爱丁堡仅仅待了两年，达尔文便在沮丧中离开了学校，无论对其学过的医学专业还是他的教授都了无兴致。

达尔文回到位于什鲁斯伯里（Shrewsbury）附近的家乡芒特

（Mount）时，他那大发雷霆的父亲又把他送到了剑桥大学。1827—1831年，达尔文在剑桥大学获得了文学学士学位（这是成为牧师所必需的条件）。实际上，达尔文对神学就如同对医学一样都没有兴趣。为了寻求慰藉，他再次把目光投向了博物学。这一次，达尔文师从著名的植物及地质学家约翰·斯蒂文斯·亨斯洛（John Stevens Henslow，1796—1861）。毕业后，经亨斯洛推荐，达尔文加入了英国皇家海军"贝格尔号"（Beagle）考察船船长罗伯特·菲茨罗伊（Robert FitzRoy）的团队，作为一名博物学家，随船进行环球航行。

这场闻名于世的持续5年之久的"贝格尔号"的环球航行再次点燃了达尔文对海洋生物学的兴趣。他进行了无数次的观察，记了很多笔记，收集了大量的标本，其中包括很多海洋无脊椎动物。达尔文定期地将他收集的标本以及所撰写的长篇观测报告寄给剑桥的亨斯洛。达尔文此次的导师亨斯洛是值得信赖的，他把达尔文的观察记录摘要发表出去，以此提升了达尔文在科学界的地位。正是因为亨斯洛，当1836年达尔文航海归来时，他的声望已经树立了起来。此时达尔文开始完成一项浩大的工程——整理笔记，并把他的海量标本分发给专家以便进行鉴定描述。

1842年，达尔文发表了《关于珊瑚礁的结构与分布》（*On the structure and distribution of coral reefs*）的开创性研究。一年后，《H.M.S. "贝

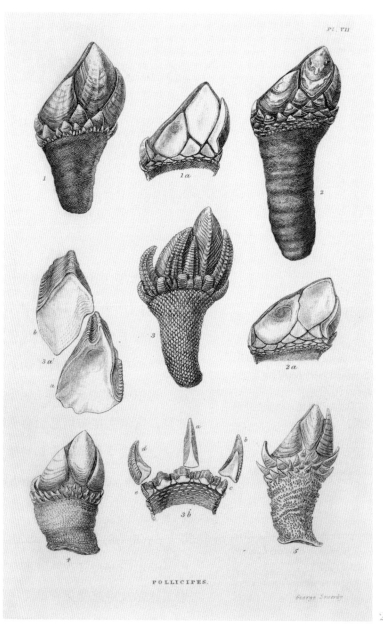

POLLICIPES.

2. 图文达尔文曾研究过的鹅颈藤壶（*Branta leucopsis*），因其底部细长像鹅颈而得名。鹅颈藤壶算是节肢动物的一种，属于蔓足类生物，看起来非常丑，但是曾经在整个欧洲都风靡一时，因为它的味道和营养都非常好，是最受欢迎的海鲜食材之一。

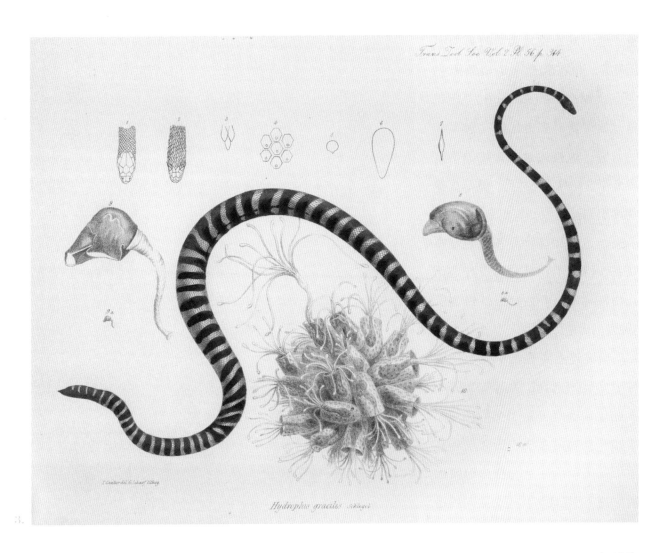

Hydrophis gracilis schlegel

3. 这幅插图由西奥多·康托尔（Theodore Cantor）于 1839 年出版，展示了有柄藤壶从小头海蛇（*Hydrophis gracilis*）身上脱离的过程。海蛇蜕皮的频率比陆地蛇类要高，这可能是海蛇摆脱黏附于其体表的藤壶和其他多种体表寄生生物的一种手段。

格尔号"之旅的动物学》（*Zoology of the voyage of H.M.S. Beagle*）最终卷也发表了。此时，达尔文已经开始构思他的物种突变和自然选择的想法，他曾经半开玩笑说这些看法就等同于"供认一起谋杀"一样，这时他开始与身边亲近的同事分享这些看法。达尔文在智力活动与灵魂的混乱中，开始了为期 8 年的看上去并不重要的研究，很多历史学家认为这一时期的他不务正业。这一看法并不正确，其实达尔文在这一时期回到了他最初热爱的海洋无脊椎动物的研究，就是他对其中的藤壶（蔓足纲）类动物的研究。这进一步确立了他在分类学上的地位，并为他的很多进化论观点提供了支持。

10 年前，在秘鲁海岸，达尔文发现了一个满布孔洞的贝壳。本能地，达尔文被它所吸引。进一步的研究发现，这可能是一种穴居藤壶，他幽默地称之为"畸形的小怪物"，并将其命名为"藤壶先生"（Mr. Arthrobalanus）。1846年，他重新回到奇怪的穴居藤壶的研究，想描述这一奇特的"南美海岸非正常蔓足类"，但不久他就意识到这需要研究更多的物种。于是，达尔文与世界各地的专家联系，借来不计其数的现存与化石物种标本，开始精心钻研他所"钟爱的藤壶"。

研究这些奇怪的甲壳类动物是个幸运的选择，为达尔文的许多进化论观点提供了支持。例如非必需结构的丢失（藤壶没有其他甲壳类动物腹节和游泳附属物的痕迹），并且为从一个共同的祖先遗传来的特征也可能在解剖学与功能上发生转变（甲壳类动物典型的步行足在藤壶中特化为进食卷须）提供了证据。

8年的工作有时令人沮丧，但总体振奋人心，在这之后达尔文发表了他划时代的4卷系列文章《附带所有物种图片的蔓足亚纲专著》。这些文章是现代专题科学的里程碑，确立了达尔文分类学家的地位，并为公开发表物种起源学说树立了所需的威信。在他不朽的藤壶研究结束5年后的1859年，达尔文发表了《物种起源》（*On the Origin of the Species*），"蔓足动物"或者"蔓足类"这两个词在这部论著里出现了26次之多绝非偶然。

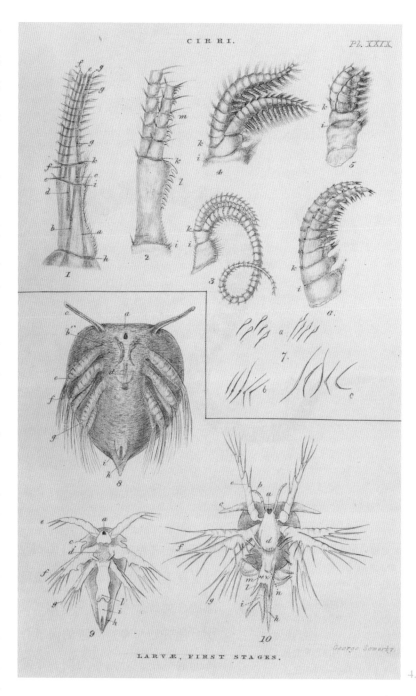

CIRRI.   Pl. XXIX

LARVÆ, FIRST STAGES.

George Sowerby.

4.胚胎发育过程让达尔文着迷。达尔文对藤壶的生命周期——无节幼虫的转化的细致研究，为他提供了关于进化演变的进一步证据。

首次基于共同祖先的进化原理，达尔文对甲壳纲中的蔓足亚纲进行了分类并留下了权威的文本。达尔文时代以后，众多的新物种被描述，超过 1200 物种的藤壶被分为 3 个主要类群：围胸目、夹胸目和根头目。

围胸目包含了藤壶的绝大部分物种类，并囊括了达尔文研究过的所有类型。这些物种经常附着在较硬的基质上，如岩石、贝壳、漂流木、龟背、海蛇（见 87 页）、鲸等，当然，还有船的外壳。这种强力黏附主要通过分布于幼虫（疥虫）头部的黏液腺来完成。对于有茎或有柄的藤壶类来说，黏液腺主要位于长长的肌肉质茎（柄）部。而对于无柄的或者橡果藤壶来讲，黏液腺则融入扁平的钙质盘中。另外还有包围身体的环形结构，与其他甲壳纲动物的甲壳同源。在变形的甲壳内，它们背部朝下，取食肢（纤毛器）向上伸展。一旦附着，成体藤壶终生驻留，通过延伸的羽状纤毛器拨动水流进入体腔，滤食其中的浮游生物和碎屑等。

夹胸目体型十分小，为穴居类型，缺少外骨骼，其整个成体期间居于软体动物如珊瑚和海星的壳内。而根头目藤壶则寄生于十足类甲壳动物（见 155 页），在结构上较简单，它们与其他藤壶的亲缘关系只能通过观察其幼虫来鉴别。（于珊珊、刘莹莹、刘建 译，祝茜 校）

作者
汉里奇·鲁道夫·欣兹（Heinrich Rudolf Schinz, 1777—1861）

书名
Naturgeschichte und Abbildungen der Fische: nach den neuesten Systemen zum gemeinnützigen Gebrauche entworfen und mit Berücksichtigung für der Unterricht der Jugend
(Natural history and illustrations of fishes: following the newest systems developed for the general purpose of-and with special emphasis on-the instruction of youth)
《鱼类的自然史和插图：基于最新发展的分类系统，其总的目的和重点都是对年轻人的指导》（以下简称《鱼类的自然史和插图》）

版本
Schaffhausen: F. Brodtmann, 1856

作者　阿尔伯特·卡尔·路德维希·戈特利夫·甘瑟（Albert C.L.G. Günther, 1830—1914）
书名　*On the pipe-fishes belonging to the genus Phyllopteryx (Proc. Zool. Soc. London)*
《叶海马属的海马》（伦敦皇家学会报告，动物学版，伦敦）（见图 3）
版本　London: The Society, 1865

1.海马隶属于海马属，名字源于希腊语"hippos"与"kampos"两词的组合，前者意思指"马"，后者意思指"海怪"。这些迷人的鱼不是怪物，而是亚洲传统的药物、珍品和宠物，因为遭到过度捕捞，目前已处于严重濒危的状态。

欣兹的海马

汉里奇·鲁道夫·欣兹是瑞士自然史研究的开拓者和多产的科普工作者，他发表了很多精美的动物插图汇编，读者遍布整个欧洲大陆。他是苏黎世一个牧师的儿子，他从父亲—— 一个"自然史宝库"的敏锐观察者和收集者那里获得了对自然的热情。欣兹在孩童时期成为孤儿，由富裕的亲戚抚养。结束了在苏黎世的学业后，他离开那里去学医。1798 年，21 岁的欣兹结束了在耶拿（Jena）的学习，继而去了巴黎。几年后他回到苏黎世，在那里建立了一个医疗实践机构。

1804 年，欣兹在苏黎世医学研究所教授生理学和自然史，1815 年与人共同创办瑞士自然学会（Swiss Naturalist's Society），他在建立起人们对当地动植物的兴趣中发挥着积极的作用。在此期间，欣兹的注意力也渐渐转到自然史方面，陆续发表了关于瑞士的哺乳动物和鸟类的重要研究，并且在苏黎世自然研究协会承担动物标本收集的责任。欣兹在为协会服务方面不遗余力，积极地建立和组织动物标本收集，为协会以及迅速增长的动物标本数量所需稳固的存储设施筹集资金。

1833 年苏黎世大学建立，欣兹被任命为动物学教授。他在处理市民事务尤其是城市年轻人的教育方面发挥着越来越积极的作用。

虽然只是高度关注瑞士本土，但欣兹仍然通过他在 19 世纪 20 年代初到 19 世纪 50 年代末发表的大型汇编获得了国际的认可，该汇编包含了大量关于动物生活的精美绘图。这些极受欢迎作品的发表——主要关注脊椎动物多样性尤其是哺乳动物和鸟类——主要以别人的著作为基础，由欣兹汇编整理成浅显易懂的吸引人的卷宗。在与自然史艺术家兼雕刻家卡尔·约瑟夫·布罗德曼（Karl Joseph Brodtmann，1782—1862）合作时，许多初稿插图被欣兹重新绘制和组织以反映当时通用的分类系统。

《鱼类的自然史和插图》就是这些汇编图书中的一本，书中欣兹采用了林奈的鱼类分类方法。鱼类的插图和文字描述大量引用了许多权威如马库斯·埃利泽·布洛赫（Marcus Elieser Bloch，1723—1799）、巴伦·居维叶、阿希尔·瓦朗谢纳（Achille Valenciennes，1794—1865）以及其他人的作品。这引人入胜的两卷书里面包含了 97 幅手工着色的铜版画，细致地描绘了 320 多种鱼类的特征。书中不仅用常用名鉴定每个物种，还同时附上了德国和法国的俗名，并对它们进行文字描述和文献标引。

例如，在书中欣兹使用的拉氏冠带鱼（*Lophotus lacepede*）的漂亮图片，就是依据居维叶和瓦朗谢纳的巨著《鱼类的自然史》中的绘图而来。遗憾的是，鉴定为叶海龙（*Hippocampus foliatu*）的原图不是很清晰，欣兹一反常态地没有提供图片的权威来源。

到《鱼类的自然史和插图》出版时欣兹已经 79 岁了。6 年前他经历了严重中风，尽管看上去恢复得不错，但随之而来的一系列轻微的中风终使他瘫痪，几乎不能说话。虽然他的身体状况不佳，但他一直保持着清醒的头脑和"坚不可摧的快乐精神"，直至 1861 年 3 月以 84 岁高龄去世。

海马和关系亲近的海龙以及叶海龙和草海龙聚成海洋鱼类的一个科——海龙科（Syngnathidae），它们因长长的管状鼻子末端有个小而愈合的下颌得名。海马属大约有 54 个海马物种生活在海草、珊瑚礁和红树林遮蔽的浅水区。它们是高度特化的鱼，没有鳞片，取而代之的是它们周身围绕着坚硬的骨片。因此它们是行动缓慢的游泳者，只能依靠一个背鳍和头部两侧一对小的胸鳍推动前进。作为鱼类而又非同寻常的是，它们没有尾鳍，尾部完全呈卷曲状，从而可以抓握在海藻的叶片或者珊瑚的枝节上，以完美隐蔽的状态度过大多数时间，安静

2. 欣兹的许多绘图是从别人的作品中得来的，如这幅迷人的拉氏冠带鱼（*Lophotus lacepede*）的图片，是被布罗德曼（Brodtman）重新绘制上色的。

Der Lacepedische Buschfisch.   *Lophotes cepedianus.*   *Lophote cépédien.*

Phyllopteryx foliatus.

G.H.Ford.

W.West. imp.

地等待小的甲壳类猎物的靠近。一旦猎物漂入它们的猎食范围，海马便利用高度弯曲的脖子精确地定位它那长管状的口鼻，迅速地吸取动物入口。

　　所有的海龙科动物共有与众不同的繁殖生物学策略，即由雄海马孵育雌海马释放的卵子。雄海马腹部有一个特殊的育儿袋，雌海马释放卵子到育儿袋中。受精后，受精卵孵化发育，在育儿袋受到保护。经历由物种不同决定的 10 ～ 45 天不等的孵育时间后，雄性释放（生出）成百上千个小的发育完全的海马到周围海水中。一旦小海马被释放出来，它们就能够照料自己，雄海马不再提供照管。

　　这篇文章配图的海马是欣兹鉴定的叶海龙（*Hippocampus foliates*），现在认为是草海龙（*Phyllopteryx taeniolatus*）的同物异名。尽管如此，欣兹画的显然不是草海龙，而看上去像短头海马（*Hippocampus breviceps*）。这两个物种都来自澳大利亚海域，欣兹可能因为从来没有见过而混淆了它们。（刘莹莹 译，祝茜 校）

海葵和水族馆

作者
菲利普·亨利·戈斯（Philip
Henry Gosse, 1810—1888）

书名
*Actinologia britannica: a history
of the British sea-anemones and
corals*
《大英百科全书：英国海葵和珊
瑚的历史》

版本
London: Van Voorst，1860

作者 菲利普·亨利·戈斯
（Philip Henry Gosse, 1810—
1888）
书名 *The aquarium: an unveil-
ing of the wonders of the deep sea*
《水族馆：揭秘深海奇观》（见
图 2 和图 3）
版本 London: J.Van Voorst, 1854

1. 广受赞誉的艺术家威廉·迪克
斯开发了一种用铜版为石版上色
的新工艺。使得戈斯的著作插图
逼真而自然。

菲利普·亨利·戈斯是 19 世纪卓越的，还带点古怪的英国博物学家、作家和神学家。在整个职业生涯中，他发表了一系列包括鸟类学、爬虫学、昆虫学甚至埃及古物学等多学科的作品。19 世纪 30 年代早期，在加拿大和美国南部旅游的时候他皈依了宗教，之后创作了很多宗教文章，他的诸多宗教观点在后期的自然史著作中得到阐释。尽管兴趣广泛且成就多样，但戈斯最为人们尊重的还是他对海洋生物学的贡献，尤其是发表于 1860 年的对英国海葵和珊瑚的开创性研究的文章。

这部有着精美插图的著作为生物体的专题研究提供了一个全新的视角。他在自己职业生涯的后期才发表了这部作品，戈斯决心开创一项不仅非常科学和精准，而且"学生能够使用其开展工作"的综合性研究。他深信只有通过研究自然界活的生物才能够完全地理解它们的特征，并且将之呈现给公众。本着对别人作品的高度批判精神，他认为他"从前人那里只获得一丁点的帮助——可以毫不夸张地说无一裨益"。对于他同时代的法国人亨利·米尔恩－爱德华（Henri Milne-Ed-wards，1800—1885）的经典论著《珊瑚的自然史》（*Histoire naturelle des coralliaires*），他这样写道：这是一个"蕴含着大量的研究、体力和耐心的工作，它的每一页都彰显着这是一个博物馆和储藏室研究的成果，而不是水族馆和海岸"，对于他所描述的很多动物，"这个有学识的作者显然不熟悉，或者近乎一无所知，因此他仅仅只是依靠他的

THE FOUNTAIN AQUARIUM.

2.

权威性，做了一些模糊的阐述。对于熟悉动物的生存状态的人来说，书中关于物种的科属分类地位错误百出，所以我无法尝试遵循他的分类"。

因而，戈斯转向了自然的研究。8 年来，他搜遍英国海岸，细致地观察了栖息在岛上的岩石和海岸带的大量海洋生物。戈斯将很多的研究样本都带回了他在德文郡圣·玛丽教堂（St. Marychurch, Devon）的家，并放在了他建造的水族馆里，从而可以继续进行活体生物的观察和绘图。有趣的是，戈斯显然非常蔑视英国的官方教会，他甚至拒绝使用圣·玛丽教堂的前缀"Saint"，而且宣告他定居在邻近的托基（Torquay）。抛开他那带些非正统的宗教观点不说，就研究而论，戈斯不只是一位出色的自然观察者和记录者，更是一位技艺精湛的绘图员。正是基于戈斯自己的绘图原稿、草图和构图，备受赞誉的雕刻

Pl. 1

P.H.Gosse, del.

Hanhart Chromo lith.

THE ANCIENT WRASSE

3.

PLATE II.

W.H.G. DEL.   W. DICKES, SC.
                              10
1. 8. SAGARTIA NIVEA   5. S. TROGLODYTES.   7. S. ICTHYSTOMA
2.3.4. S.   MINIATA   6. S PARASITICA   9.10. S. ORNATA

4.

PLATE X.

1. LOPHELIA PROLIFERA   5. ZOANTHUS COUCHII   9. PHELLENCIA ....
2. PEACHIA CHRYSANTH.   6. PARACYATHUS TAY LIANUS 10. ST. MAMMILIFERA
3. ... ...   7. ...   ...
4. ...   MAC ANDREWANUS   8. ...   .

5.

4. 这幅插图描绘的寄生美丽海葵（*Calliactis parasitica*）通常附着在寄生蟹的壳上。它们的关系并非寄生而是共生，因为海葵可以用毒刺保护寄居蟹，同时又食用寄居蟹的食物碎屑。

5. 这幅精美的插图描绘了冷水石珊瑚（*Lophelia pertusa*）群落旁边的各种海葵。石珊瑚和海葵的亲缘关系较近，都属于腔肠动物门六放珊瑚亚纲。

师威廉·迪克斯（William Dickes，1815—1892）制作出了书卷绘图用的华美的彩色刻版。

在《大英百科全书：英国的海葵和珊瑚的历史》出版的前几年，戈斯创造了术语"水族馆"（aquarium），并且写成了一本受欢迎的实用指南，书中介绍了如何在家建造、储存和保养海洋水族缸。这本手册一经出版就受到热烈追捧，激起了公众对海洋生物的兴趣，引发了维多利亚时代建造水族馆、收集海滨生物的狂热。

海葵与亲缘关系近的动物钵水母（true jelly fish）（见 205 页）、箱水母（box jellies）（见 71 页）和水螅（hydrozoans）一起构成了一个独特的水生生物门——腔肠动物门（Cnidaria）。海葵是以摄食小鱼和甲壳类动物为生的肉食性动物。它们利用无数的带有刺细胞（nematocysts）（有毒带刺丝）的触手猎食，这些触手包围着口盘上一个单独的向上的口。与多数腔肠动物不同，海葵缺乏自由游泳的水母体阶段，整个生活史一直锚靠在固定的物体上。

尽管海葵能捕食一些活动的猎物，使自己离开固定物做短距离的游泳，但它们多数时间固定在一个地方。海葵个体寿命很长，如果不被海蛞蝓（见 216 页）和海星（见 92 页）猎食，通常能活 60～80 年，甚至更长。（刘莹莹 译，祝茜 校）

137

Le Corail

Pl. I.

4   5   3.

2.   1.

Corail épanoui
de grandeur naturelle et grossi.

H.L.D. ad nat. del.   Librairie J.B.Baillière et Fils, Paris.   Annedouche sculp.

Imp.A.Salmon, R.Vieille Estrapade, 15.

珍贵的红珊瑚

作者
亨利·德·拉卡兹-迪希埃
（Henri de Lacaze-Duthiers,
1821—1901）

书名
Histoire naturelle du corail: organization, reproduction, pêche en Algérie, industrie et commerce
（*Natural history of coral: organization, reproduction, fishery in Algeria, industry and trade*）
《珊瑚的自然史：结构、繁殖，以及阿尔及利亚的渔业、产业和贸易》（以下简称《珊瑚的自然史》）

版本
Paris: J. B. Baillière, 1864

亨利·德·拉卡兹-迪希埃职业生涯的大部分发现都集中在海洋生物学这个迅猛发展的领域。他的影响深远，这不仅是因为他巨大的科学贡献，更因其作为一位备受尊敬的老师所产生的影响力，以及在建立两个国家最重要的海洋生物学实验室时所发挥的驱动力。

拉卡兹-迪希埃在巴黎进行医学的研究与实践，但很快开始着迷于动物学。经历地中海巴利阿里群岛（Mediterranean Balearic Islands）海洋生物的探索之旅后，他回到巴黎即成为杰出的生物学家亨利·米尔恩-爱德华的助手。亨利当时是巴黎自然博物馆昆虫学馆的主任。1854 年，拉卡兹-迪希埃被任命为里尔大学动物学教授，完成了一些深受好评的海洋无脊椎动物学研究。作为以细致的解剖技术闻名遐迩的完美解剖学家，他拒绝使用现代解剖学技术——如新发展起来的为显微分析而进行的连续切片技术。这是历史上一桩有名的公案。但他又特别鼓励将现代实验方法应用于动物学的研究。

与同时代的很多人不同，拉卡兹-迪希埃非常看重研究活体动物的重要性，因此他定期离开巴黎去地中海海岸和岛屿。1858 年在米诺卡岛（Minorca）时，他注意到一个渔民使用"远古的紫色"为衣服做标记。通过进一步的调查，他发现某种海螺的分泌腺暴露到阳光下的时候，可变为深紫色。一年后，他发表《紫色的记忆》（*Mémoire sur la pourpre*），记述了古罗马人高度赞赏的紫色染料就源自这些地中海螺

1. 拉卡兹-迪希埃笔下漂亮的地中海红珊瑚，每一个珊瑚虫口周围的 8 个触手都完全伸展，犹如摄食一般。

类的腺体。

此时阿尔及利亚被法国占领已经持续了 30 年，拉卡兹－迪希埃被邀请去殖民地研究珊瑚，尤其是受到高度重视的红珊瑚（Corallium rubrum），政府想要建立一个秩序井然的法国珍贵红珊瑚贸易。这个工作最初交给了巴黎自然博物馆的让·路易斯·德·卡特法热（Jean Louis de Quatrefages，1810—1892），但卡特法热拒绝了，推荐拉卡兹－迪希埃为理想的替代人选。于是 1860 年 10 月 1 日，拉卡兹－迪希埃动身去阿尔及利亚，他在那里停留了一年，观察、收集和精心饲养珊瑚。

之后拉卡兹－迪希埃回到法国，性格严谨的他又去了阿尔及利亚两次以确定最初的观察。两年时间里，他撰写了经典的《珊瑚的自然史》——这成为他最著名的作品之一。拉卡兹－迪希埃总结了珊瑚研究的学术史，包括它们的生物学和栖息地。他在珊瑚生理学、繁殖和幼虫变态方面都有新的发现，并呼吁立法改革以规范红珊瑚贸易。

这本书有 20 页精美的整版绘图（每页又含有多幅插图），每幅图都是作者本人精心绘制的。拉卡兹－迪希埃将这本书题献给他的母亲，他在阿尔及利亚时母亲去世了，该书以深深的感叹结尾，"啊！如果我没能得到您最后的拥抱，我敬爱的母亲，那么，带着深深的爱与悔恨，至少我要把这本书献给您高贵而慷慨的灵魂！"

这本书出版后，拉卡兹－迪希埃被任命为巴黎自然博物馆的动物学教授，1868 年，他到巴黎大学动物系任主任，1871 年他被推举为巴黎科学院委员，后来成为院长。作为教师，拉卡兹－迪希埃强烈地意识到法国学生研究活体海洋生物的必要性，因此他利用自己的学术地位，争取在罗斯科夫布列塔尼海岸建立海洋生物学工作站。1872 年，罗斯科夫工作站作为巴黎大学的附属基地成立，但拉卡兹－迪希埃像欢迎学生一样欢迎国际科研人员。1879 年，他开始迫切地想要建立第二个工作站，这次选址在地中海海岸，从而可以研究不同的海洋环境。1881 年，法国第二个海洋研究站在巴纽尔斯建立，名为阿拉果实验室。带着对地中海及当地气候的偏爱，拉卡兹－迪希埃在巴纽尔斯的实验室持续工作直至 1901 年 7 月去世的前几天。

2. 拉卡兹－迪希埃对红珊瑚的繁殖作出了重大贡献。这里，他描绘了雄性珊瑚虫释放成团的精子，这些精子在负浮力的作用下，沉入养殖池的水中。

3. 严重钙化的红珊瑚骨骼自身被类胡萝卜素着色为不同色调的红。正是这些历久不变的红色骨骼可被抛光成油亮的光泽，从而使它们在装饰用途上可谓万众瞩目。

140

Mâles lançant la semence.
Lait .... Capsule de l'œuf.

H.L.D. ad nat. del.   Librairie J.B. Baillière et Fils Paris.   Annedouche sculp.

Imp. A.Salmon, R.Vieille-Estrapade, 15.

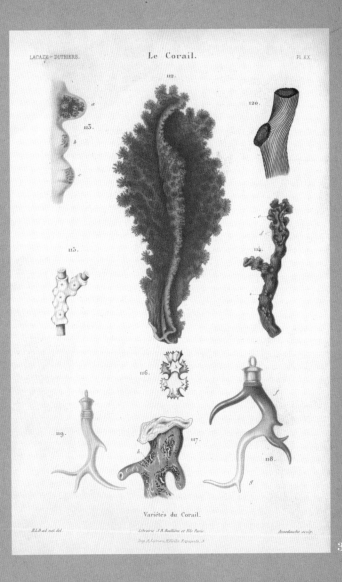

Variétés du Corail.

H.L.D. ad nat. del.   Librairie J.B. Baillière et Fils Paris.   Annedouche sculp.

Imp. A.Salmon, R.Vieille-Estrapade, 15.

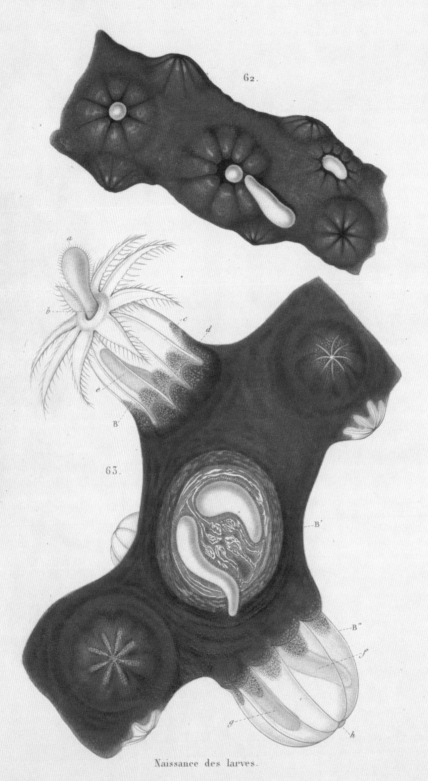

Naissance des larves.

H.L.D. ad nat del.   Librairie J.B.Baillière et Fils Paris.   Annedouche sculp.

Imp.A.Salmon, R.Vielle Estrapade, 18.

珊瑚是腔肠动物门（Phylum Cnidaria）的成员，与海葵亲缘关系较近（见 134 页）。红珊瑚（或者贵珊瑚）是八放珊瑚，每个珊瑚群体由成千上万个小的珊瑚虫（珊瑚的动物）组成，每个珊瑚虫有一个由 8 个触手包围的口。造礁珊瑚虫——石珊瑚（见 74 页）有 6 个触手。红珊瑚属于软珊瑚目，但与其他的软珊瑚不同，著名的地中海红珊瑚（*Corallium rubrum*）和一些珍贵红珊瑚属的物种（见 32 页），能够分泌一种柔韧的、蛋白基质的骨架以合成坚硬的完全钙化的外骨骼。正是这些历久不变而又色彩靓丽的外骨骼使它们成为整个人类史上昂贵的商品。红珊瑚珠宝在欧洲的史前墓地已经有发现，可见早在公元 1000 年时地中海地区和印度之间繁荣的贸易就已经存在。（刘莹莹 译，祝茜 校）

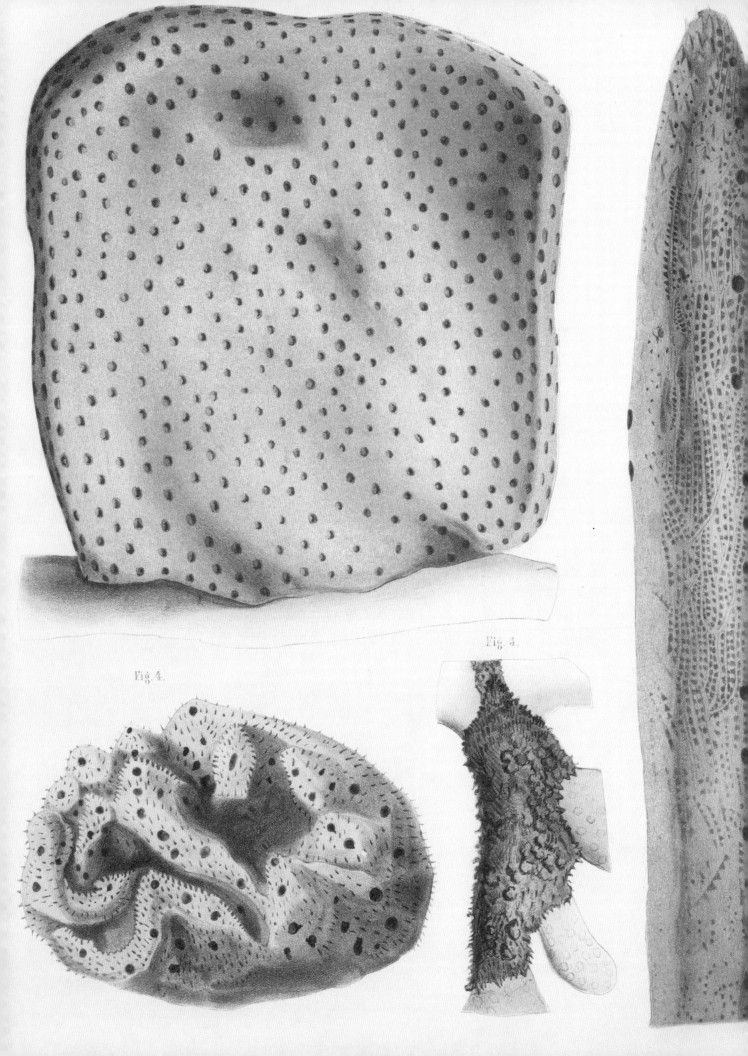

Fig. 3.

Fig. 4.

加勒比海的海绵

作者

爱德华·普拉西德·杜柴斯·德·芬特博森（Placide Duchassaing de Fontbressin, 1819—1873）

乔瓦尼·米凯洛蒂（Giovanni Michelotti, 1812—1898）

书名

Spongiaires de la mer caraïbe (*Sponges of the Caribbean Sea*) 《加勒比海的海绵》

版本

Haarlem: Société hollandaise des sciences, 1864

1. 海绵是一类在生态上特别重要且高度多样化的海洋动物。在该书中，杜柴斯和米凯洛蒂描述了加勒比海域众多的新物种。杜柴斯和米凯洛蒂描述的加勒比海域海绵新物种大多数属于大型海绵动物类群（寻常海绵纲 Demospongiae），包括了很多常见的海绵。此处所选的 4 幅图版呈现了海绵惊人的多样性。

爱德华·普拉西德·杜柴斯·德·芬特博森生于法国瓜德罗普岛（Guadeloupe）安提利亚（Antillian）的一个克里奥尔人农场主的家庭。年轻的时候，他被派往巴黎，学习医学、动物学和地质学。毕业后，杜柴斯返回瓜德罗普岛行医，但他花费了大量时间研究岛上的动植物。很快，他通过游览附近的岛屿，将他的研究扩展到巴拿马。在巴拿马期间，他致力于研究巴拿马地区的生物区系，并与德国植物学家魏特琳·杰哈德·沃泊思（Wilhelm Gerhard Walpers, 1816—1853）建立了联系，并寄送了许多标本。

在作为英国殖民地的瓜德罗普岛居住多年后，杜柴斯熟悉了附近的岛屿和岛上的动植物区系，于是决定搬到属于丹麦西印度公司的世界性商业中心圣·托马斯（St. Thomas）。为了在圣·托马斯行医，杜柴斯需要获得丹麦的相关证书。于是在 1850 年早期，他来到了哥本哈根并取得了相关证明。

1852 年，他回到圣·托马斯，并随后将此地作为基地居住了 15 年。在此期间，他针对近海的无脊椎动物，特别是该地区的珊瑚和海绵进行了一系列的研究。尽管工作有些孤独，杜柴斯还是与欧洲一些博物学家建立了一定的联系。在 1854—1855 年冬天，他遇到了他的长期合作伙伴——意大利地理和古生物学家乔瓦尼·米凯洛蒂。米凯洛蒂对活珊瑚和珊瑚化石抱有特别的兴趣。二人在安的列斯群岛花费了 3 个月的时间来观察存活于近海的动物种群和化石，并收集了大量的标本，米凯洛蒂带着其中大部分标本带回到都灵动物博物馆。

在接下来的几年中，杜柴斯和米凯洛蒂出版了一系列有关加勒比地区的珊瑚和海绵的文章，并描述了多个新物种。此系列文章中，第一篇于1860年由都灵皇家科学院出版，即该地区珊瑚的名录。4年后，他们出版了一篇有关海绵的专著《加勒比海的海绵》，在前言中他们指出"海绵不能自由移动，也不像其他动物那样拥有美丽的颜色和外形，所以它们在水底生命中往往是被忽略的"，但"它们在海洋生物区系中起着重要的作用"。他们还指出，对于古生物学学者来讲，利用海绵"碎片（保留的化石部分）"进行微观观察，有助于了解过去的地质时代，这也是米凯洛蒂特别感兴趣的领域。

杜柴斯和米凯洛蒂认为他们的研究局限于加勒比地区的海绵的完整名录，但他们还是将此地区海绵的种类增加了5倍。并且与其他同时代的生物学家不同，他们强调了对现存海绵在不同季节和不同生境下进行长期研究的重要意义。他们清楚地明白，同一物种的不同个体，当处于不同的位置、深度和水流情况时，将出现不同的形态变化。他们的著作中包括25幅手绘着色图片，展示了大量的海绵物种，并提供了微观解剖学的细节。他们还强调了他们的绘图源于"自然状态即存活状态"的标本。因为当离开水体后，不管多么严谨地进行干燥处理，这些动物都会出现颜色和形态的巨大变化。

1867年，杜柴斯最后一次离开加勒比地区，在法国西南部的佩里格（Périgueux）定居，并于6年后去世，享年54岁。他的同事兼长期合作伙伴米凯洛蒂则继续在意大利进行地理与古生物学研究，并于1879年退休。1880年米凯洛蒂将收集的重要化石捐赠给了罗马大学的地理和古生物学研究所，并迁居于地中海沿岸的圣雷莫（Sanremo），于1898年去世。

尽管海绵表面上看像是植物，实则是较为原始的多细胞动物（后生动物），属多孔动物门。多孔动物是指具有众多孔道，通过特定的细胞（领细胞）在松散的两个细胞层之间泵水并将水进行过滤。海绵动物在体型大小、形状和颜色等方面极其多样，广泛分布于水生环境，

2. 群海绵（*Agelas*）和绳海绵（*Amphimedon*）。

3. 橙海绵（*Thalysias*）和或潘达洛斯海绵（*Pandaros*）。

146

2.

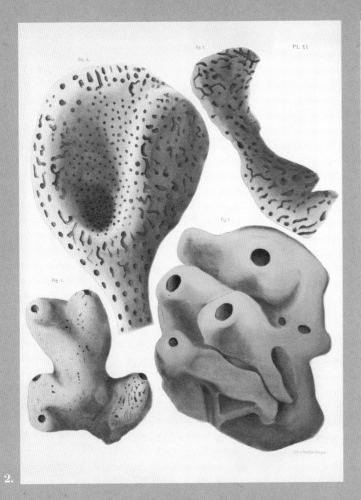

PL. XV

PL. XVI.

3.

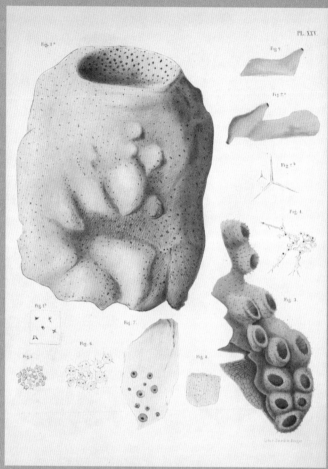

4.

5.

4. 潘达洛斯海绵（*Pandaros*）和海绵（*Spongia*）。

5. 黑皮海绵（*Terpios*）和钵海绵（*Geodia*）。

约 1.5 万种。尽管它们主要存在于珊瑚礁和其他浅海的红树林和海草床中，但多数还是位于浅海至深海的海水环境中。

海绵动物的体壁内长着具有支持作用的针状骨骼——骨针。根据骨针的性质，海绵主要分为 3 类：玻璃海绵（六放海绵纲），拥有硅质骨针；钙质海绵（钙质海绵纲），拥有碳酸钙骨针；寻常海绵（普通海绵纲），拥有蛋白纤维的骨针。超过一半的海绵为寻常海绵，非常多样化，包括一些最大的管状海绵，其直径可达 1 米。其他的寻常海绵为壳状海绵，在岩石和暗礁上生长，即我们洗澡时都用过的海绵。

海绵在很多海洋生态系统中都起着重要的作用。在这些海域中，它们过滤海水，吸收大量营养物，并且它们还有助于珊瑚的修复。它们中空的体壳为其他无数的海洋生物提供了生境和避难所。（刘建 译，祝茜 校）

德奥尔比尼的十足类动物

作者

查尔斯·德奥尔比尼（Charles d'Orbigny, 1806—1876）

书名

Dictionnaire universel d'histoire naturelle: servant de complément aux oeuvres de Buffon, de G. Cuvier, aux encylopédies, aux anciens dictionnaires scientifiques, et résument les traités spéciaux sur les diverses branches des sciences naturelles, etc.

(Universal dictionary of natural history: serving as a complement to the works of Buffon, G. Cuvier, and to encyclopedias, to old scientific dictionaries by summarizing the special treatises on the various branches of natural science.)

《通用自然史大典：作为对布冯、G. 居维叶的著作及总结了各个自然史分支的百科全书和老旧的科学典籍的补充》（以下简称《通用自然史大典》）

版本

Paris: Au bureau principal de l'éditeur, 1867–1869

1. 此图版描述了一只欧洲螯龙虾（*Homarus gammarus*）标本，为德奥尔比尼卓越大典的高质量插图的典型代表。

从18世纪晚期到19世纪早期，法国的博物学家出版了一系列颇具影响的"词典"式的自然史书籍。这些有影响力的编著与其说像真正的词典，更类似于科技百科全书，展示了宽广范围的话题和词汇等大量信息，系统总结了当时的生物学知识。其中最知名的，当然也是绘图最精美的是一部30卷的《通用自然史大典》，这是一部由查尔斯·亨利·德萨利纳·德奥尔比尼主编，并由众多作者编著的不朽著作。

德奥尔比尼生于离法国南斯（Nantes）西部约6千米的卢瓦尔河（Loire）的河边小城库埃罗（Couëron）。其父为小镇医生，也是约翰·詹姆斯·奥杜邦（John James Audubon，1785—1851）的挚友，同样也成长于库埃罗。奥杜邦在多年后又被重新介绍给了德奥尔比尼。在奥斯邦的回忆中，他声称"多次拥抱"德奥尔比尼，并将其认为教子。德奥尔比尼的哥哥，艾尔希德·查尔斯·维克多·德萨利纳·德奥尔比尼（见91页）是一位备受尊敬的博物学家，也是南美洲探险的开拓者。尽管德奥尔比尼可能被他哥哥的巨大名声和科学成就所遮蔽，但德奥尔比尼还是从事了自然史方面的职业。他先于巴黎学习医学，但相比于医学这个职业，他对地质学和植物学更感兴趣。1834年，他获得了巴黎自然博物馆地质学部的本科学位，他的哥哥在此地获得了一个古生物学的席位，并最终收获了巨大荣誉。1837年，德奥尔比尼被博物馆聘为助理博物学家，致力于研究他哥哥从南美洲收集的大量植物标本和部分地质学研究。

1839 年，C. 莱纳德（C. Renard）的巴黎出版社策划出版《通用自然史大典》，计划出版 6 ～ 8 册 120 分卷，由德奥尔比尼主编。不得不提的是，选择只有 33 岁且没有学术地位的助理博物学家德奥尔比尼，是对他广博知识和科学智慧的认可。50 多位法国最知名的学者参与了这项工作，其中许多都是德奥尔比尼在法国自然博物馆的导师，其中包括著名的伊西多·乔佛瓦·圣-希莱尔（Isidore Geoffroy Saint-Hilaire，1805—1861）、安托万·劳伦·德·朱西厄（Antoine Laurent de Jussieu，1748—1836）、亨利·米尔恩-爱德华、阿希尔·瓦朗谢纳。德奥尔比尼自己则撰写了自然科学史入门的概述。

10 年后，《通用自然史大典》编写完成，这部不朽的巨著最终以 30 册 150 分卷出版。经过"很大程度的扩增和丰富"后，该书的第二版于 1867—1869 年出版。在第二版中，附有"超过 300 幅精美的彩图"，这本巨著不仅是当时科学状况的佐证，也很好地证明了当时科学知识的普及程度。

如同如此丰富的大典内容一样，该丛书的插图由许多人合作完成，其中的许多人均为当时自然科学方面最优秀的艺术家和雕刻家，包括让-加布里埃尔·普莱特、保罗·路易斯·奥达特（Paul louis Oudart，1796—1850）、路易斯·爱德华·莫贝（Louis Edouard Maubert，1806—1879）。1862 年博物学家埃米尔·布兰查德（Émile Blanchard，1819—1900）担任管理巴黎自然博物馆甲壳动物、蛛形动物和昆虫领域的主席，担纲编写了该丛书中有关十足类甲壳动物的内容。

十足类甲壳动物（虾类、螃蟹、小龙虾类、龙虾类）、端足目、等足目、口足目（螳螂虾）同属软甲纲，为最大的甲壳类类群，约包含 2.5 万个物种。它们拥有共同的身体结构，分为头（5 个体节）、胸（8 个体节）、腹（6 个体节）3 部分，但每部分都高度多样化。

许多十足类动物的前胸体节与头部体节融合，形成头胸部，胸部后面的 5 个体节着生 5 对步足。腹部着生被称为游泳足的附肢，用于游动和孵卵。腹部末端附肢形成尾扇，侧向有尾足着生，中部的尾节

2. 虾的第二对步足大大增大，是沼虾属（*Macrobrachium*）的典型特征。

3. 斑琴虾蛄（*Lysiosquillina maculata*），体长可达 40 厘米。属口足目（*Stomatopoda*），又称为"拇指切割机"，常用增大的前肢快速有力地击打穿刺猎物，可给猎物造成相当大的破坏。

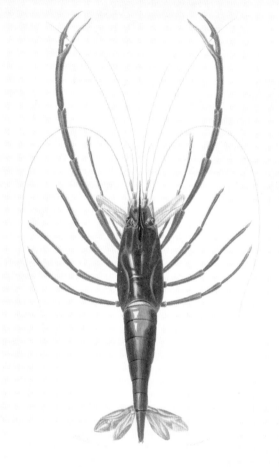

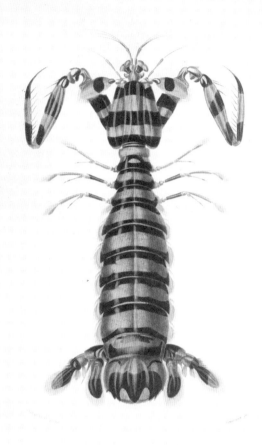

2.

3.

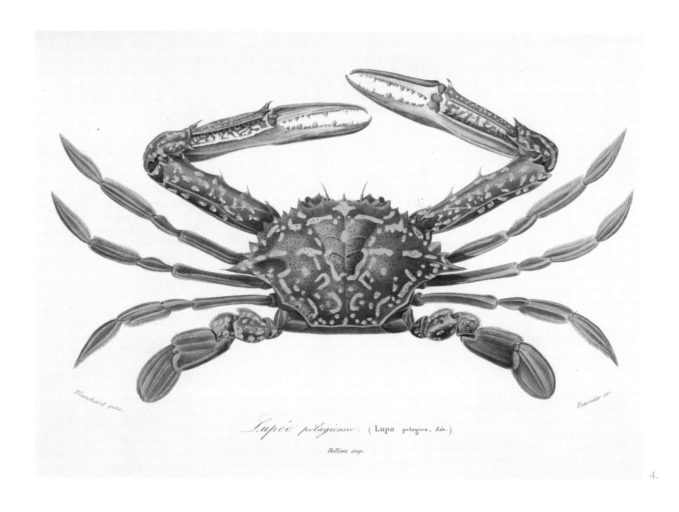

Lupée pélagienne. (Lupa pelagica, *Lin.*)

Pallium imp.

4.

处为肛门。头部着生一对触须、一对有柄的眼和数量众多与取食有关的附肢。

　　根据鳃的形态和幼虫发育的不同，十足类动物可分为两大亚目：枝鳃亚目（Dendrobranchiata，虾类）和腹胚亚目（Pleocyemata，龙虾、小龙虾、真虾和螃蟹类）。在腹胚亚目中，龙虾、小龙虾和其近亲属于螯虾下目，其前三对步足拥有螯（钳爪），其中第一对螯尤为巨大。海螯虾、真龙虾和龙虾同属海螯虾科。尽管多刺龙虾、琵琶虾和东方扁虾在英文名字中也有龙虾的意思，但它们不属于海螯虾类，与真正的螯虾类的亲缘关系较远。

　　世界范围内约有 50 种螯虾，主要生活于近海的浅水，在海底觅食，在石块间或洞穴中避敌。螯虾类视力不佳，常在夜晚或较暗的海域活动，依赖长长的触须或通过气味感知的方式觅食。多数螯虾的食

154

性为杂食性，主要摄食一些无脊椎动物和藻类，当然许多螯虾类也食腐。在大西洋北部海域中，缅因州附近的美洲螯龙虾（*Homarus americanus*）和欧洲龙虾（*Homarus gammarus*）为两种最为重要的经济物种。它们平均寿命较长且生长缓慢，美洲螯龙虾长度可达 0.6 米，重量可达 18 千克，寿命长达 50 年。

布兰卡德的插图既美观又高度准确，很容易就可以认出他所描绘的标本为成熟的欧洲螯龙虾。由于与性别相关的特征位于腹部侧面，故性别不易判定。雄性螯龙虾腹部第一体节因交尾需要而变得较为坚硬，而雌性则较为柔软且呈羽毛状。（刘建 译，祝茜 校）

日本的软体动物

作者

卡尔·埃米尔·利施克（Carl Emil Lischke, 1813—1886）

书名

Japanische Meeres-Conchylien: ein Beitrag zur Kenntniss der Mollusken Japan's, mit besonderer Rücksicht auf die geographische Verbreitung derselben (*Japanese marine shells: a contribution to the knowledge of the mollusks of Japan, with particular attention to their geographical distribution*)

《日本的海洋贝类：对日本贝类，特别对于它们地理分布知识的贡献》（以下简称《日本的海洋贝类》）

版本

Cassel: Theodor Fischer, 1869—1874

1. 白法螺（*Charonia lampas sauliae*）的美丽贝壳，白法螺为最大的捕食性海螺，活跃的狩猎者，主要捕食海星，有人发现白法螺可快速地追捕海星。

在柏林时，卡尔·埃米尔·利施克学的是法律，后返回他的家乡什切青（Stettin，现位于波兰），之后又去到了普鲁士波美拉尼亚（Prussian Pomerania，大约是现在的德国和波兰交界的区域）首都，在那里他被任命为首都的副法官。1847 年，作为公使，他去了美国的华盛顿特区，1850 年返回德国，成为工业城市埃尔伯菲尔德（Elberfeld）的市长。直至 1873 年，由于健康原因，他才退出公众服务领域。

尽管肩负繁忙的公共事务和社会责任，利施克对自然科学领域保持了终生的兴趣，特别是有关软体动物及其贝壳的研究。他广泛游历于欧洲和北非，在他的生命后期，又游览了位于印度东部的锡兰（现斯里兰卡）。在游览期间，他收集了大量的标本，并根据这些贝壳，发现了许多软体动物的新物种。毋庸置疑，利施克最大的科学成就是 1869—1874 年出版的书籍。凭借精细的研究，他出版了 3 卷本《日本的海洋贝类》。在此专著中，利施克详细地描述了他从日本列岛水域收集的贝壳，并附有众多漂亮的插图。与世界上许多其他地区不同，对于欧洲标本收藏家来说，在当时日本贝壳鲜为人知。基于此，在第一卷的前言中，利施克也解释了江户时期（1608—1868）的日本在政治文化上的与世隔绝。

江户时期，只有荷兰人于 1641—1854 年在长崎湾的一个交易地点——出岛与日本人有所接触，有机会对该区域进行科学研究。

在"荷兰时期"，有一位著名的收集家——菲利浦·弗朗兹·冯·西博尔德——也是一位医生兼旅行家对日本进行了考察。他在日本6年，开始在出岛，后来获得许可，可以有限度地进入内陆。在那里，他收集了大量的植物和动物标本，其中也包括贝壳。西博尔德的主要兴趣是植物，最著名的是他将茶叶种子走私出日本，在爪哇（荷兰殖民地）建立了茶文化。200多年后的1853年，随着美国海军准将马休·C.佩里（Matthew C. Perry）和他著名的美国远征舰队的到来，荷兰在日本的垄断贸易地位被终结。1854年，佩里和当时执政的德川幕府签订了《神奈川条约》，结束了日本游离于世界之外的历史。几年后，利施克在《日本的海洋贝类》中对先驱西博尔德进行了诚挚感谢，并感谢了那些整理编辑佩里远航日志的博物学家们，他们在1856年出版了《日本探险中收集的贝类报告》（*Report of the shells collected by the Japan Expedition*）、《在美国海军准将M. C. 佩里的指挥下：日本贝类名录》（*Under the command of Commodore M. C. Perry, U.S.N., together with a list of Japan shells*）。利施克在他的书中引用了上述图书的大量内容。

利施克的书籍除了对贝类进行了详细的分类和描述外，还首次对这些贝类的地理分布进行了汇总。例如，他指出，日本的一些贝类在地中海也有分布，这是一个出人意料的发现，当时的其他贝类学家对他研究工作中有关动物地理学的观点也相当感兴趣。利施克的朋友，英国杰出的博物学家和探险家J. 格温·杰弗里斯（J. Gwyn Jeffreys, 1809—1885）在1870年的《自然杂志》中评述利施克的研究工作时指出：很不幸，我们"即使在海洋中进行了诸多航行，我们也难以对海洋动物的地理分布做出令人满意的解释"。所以他推荐利施克编辑这些地理信息数据，以整合该领域的知识。杰弗里斯在总结他的评述中提到："作者（利施克）一边完成了诸多的公共事务，一边还完成了如此优异的科学研究结果，所以对于我们和我们周边国家来说，博物学并不是专业教授的专利。"

作为业余爱好者，利施克缺乏正规的培训，但当他于1868年获得波恩大学荣誉博士学位后，他在贝类自然史学领域的地位得到了广

2. 本图描述了日本一系列的双壳类 ——贻贝（*Crenomytilus grayanus*），非常美丽，贝壳内层具有彩虹色的珍珠层或珍珠母。贝壳内层光滑的珍珠层有助于保护贻贝的柔软内脏并防止其他机械损伤和寄生虫。

3. 自古以来，法螺（法螺科）的贝壳价值非凡，命名与波塞冬（希腊神话中的海神）的儿子特里同（海神的信使）有关。人们在提到法螺时，常常提到这种大型捕食性海螺被作为喇叭用来吹奏。

2.

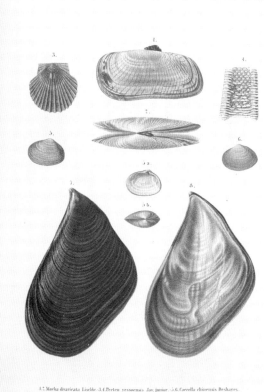

Taf. X

1.7. Mactra divaricata Lischke. - 3.4. Pecten yessoensis Jay. junior. - 5.6. Caecella chinensis Deshayes.
7.8. Mytilus Dunkeri Reeve.

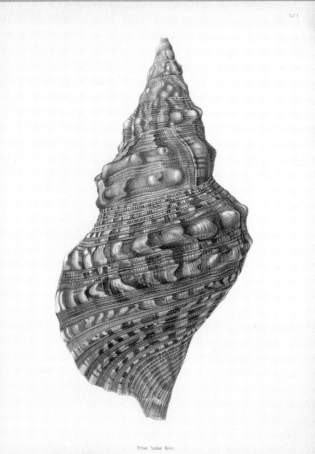

Taf. I

Triton Aluhae Reeve

3.

1. 2. Mytilus crassitesta Lischke

1. 2. Ostrea gigas Thunberg, varietas

4.

5.

4. 厚壳贻贝（*Mytilus coruscus*），属贻贝科，为一种厚壳可食的贻贝。多数贻贝种类通过贝壳中伸出的典型丝足纤维将它们锚定在基板上。

5. 在日本养殖数个世纪后，长牡蛎（*Crassostrea gigas*）于 1920 年被引入美国，现已成为世界养殖范围最大和商业上最重要的牡蛎种类（牡蛎壳）。

泛认可。

贝类学为研究贝壳的科学，而不是研究生长着贝壳的软体动物的学科。软体动物学是研究软体动物的科学，贝类学为软体动物学的一个早期分支。因为软体动物尽管普遍存在但难以见到活体，因而美丽的贝壳长期获得了人们的关注，即使在世界范围内的早期人类考古地点也常常发现贝壳制作的项链及其他饰物。自从马丁·李斯特（Martin Lister，1639—1712）编著的第一本贝类科学专著《贝类学史》（*Histria Conchyliorum*）于 1685 年出版后，带有大量精美插图的几百本贝类学专著相继出版。

当代的软体动物学研究多关注于软体动物门的活体动物，搜集贝类成为一种爱好。世界范围内建立了许多国家级贝类学会和俱乐部，鼓励人们合法地、非破坏性地搜集和交换贝壳。（刘建 译，祝茜 校）

Plate LIII.

麦金托什的海洋蠕虫专题

作者
威廉·卡迈克尔·麦金托什
（William Carmichael McIntosh,
1838—1931）

书名
A monograph of the British marine annelids
《关于英国海洋环节动物的专著》

版本
London: Ray Society, 1873–
1923

威廉·卡迈克尔·麦金托什，苏格兰杰出的医生和海洋生物学家，是建立位于不列颠群岛的第一个海洋生物研究站的推动者。19 世纪中晚期，随着人们对海洋生物兴趣的提高，欧洲大陆建立了许多永久性海洋生物研究站（见 140 页和 187 页）。1882 年，麦金托什在圣安德鲁斯大学（University of St. Andrews）的讲座中，为当时英国没有这样的研究设施而惋惜。他指出圣安德鲁斯将成为建立英国第一个海洋研究站提供最优地点，"它临近海洋但较安静，以利于研究工作的进行，它不但将拥有大学那样高档的图书馆和博物馆，它还将拥有漫长的沙滩，这样可以保留很多由风浪带来的罕见海洋生物，这将是无与伦比的。"

这场演讲后的第 14 年，在富裕的律师兼博物学家查尔斯·亨利·盖蒂（Charles Henry Gatty）（与麦金托什相识于放射协会）的资助下，圣安德鲁斯大学盖蒂海洋实验室于 1896 年建立，麦金托什成为第一位主管。截至 1917 年，麦金托什作为主管直到他的继任者德·阿尔西·温特沃·汤姆森爵士（Sir D'Arcy Wentworth Thompson, 1860—1948）的到来，然后他接任了圣安德鲁斯自然史协会的主席一职。

就在多年前，在麦金托什被任命为珀斯郊外摩西精神病医院精神病医生兼主管期间，他就已经开始了开创性的海洋蠕虫研究，这些近海海岸的"居民们"十分常见。在 1873 年由放射协会出版的丛书第

1. 麦金托什在圣安德鲁斯附近的海边发现了这只精美的深海沙蚕（*Alitta virens*）。

一卷中，他描述了许多陌生的纽虫、带虫和蠕虫（见 192 页）。在接下来的 50 年里，陆续出版了另外的 3 卷，对多毛类、刚毛类和沙蚕类的诸多科和物种的细节进行了描述，并进行了精细的绘图。尽管在其他许多领域也进行了积极有效的研究，如颇具影响的海洋捕鱼委员会的研究和重要的早期鱼类历史的研究，但以上 4 卷关于海洋环节类蠕虫的丛书却是麦金托什一生中里程碑式的著作。

在此专著的前言中，麦金托什解释到海洋环节动物代表了"当地动物学的一部分，急需调查，对这些动物种类状况的忽视成为作者努力研究以予以改善的主要诱因"。在 50 年后出版的最后一卷的前言中，他真诚地感谢这些蠕虫，"文献中存在太多空白，如解剖、生理和发育方面，他希望经过他的努力较以前有所改善"，"至少该专著给后来的学者的工作提供了基础，使他们节约了时间和人力，易于深入此领域的研究"。

麦金托什的专著在学术上成就斐然，书中有大量漂亮的插图，多数是在直接观察活物的基础上绘制的，有助于把这些蠕虫的研究境况"从迄今为止比较灰暗的状态"营救出来，由此将它们引入广大公众的视野。由于这些蠕虫多种多样的饰纹和色彩，麦金托什认为在所有无脊椎动物中这些蠕虫是最漂亮的，在"艳丽的色彩方面完全可以和蝴蝶、鸟及鲜艳的甲虫相媲美"。

麦金托什的妹妹罗伯塔（Roberta）也是他的工作伙伴，他们在圣安德鲁斯海岸合作进行了早期样品的收集工作。罗伯塔精妙的绘画技术使她能够对他发现的种类众多的海洋蠕虫的形态及功能进行很好的描述。当妹妹去世后，麦金托什很幸运地找到了另外一个艺术家，A.H. 沃克小姐（A.H.Walker），他认为她有能力继续完成他妹妹开创的工作，做好绘图。麦金托什提到正是归功于他深爱的妹妹和后来的艺术家们，他才得以贡献出这些杰出的著作。

这些环节动物门中分节的蠕虫也包括非常熟悉的动物，如蚯蚓和蛭类，但大多数环节类蠕虫为海产，如多毛纲动物。这些多样化的动物类群的俗名包括毛虫、海蚯蚓、羽状蠕虫和鳞沙蚕。多毛动物意味

2. 这些五颜六色的多毛虫隶属于丝鳃虫科。大多数丝鳃虫科动物生活在洞穴、泥浆和沉积岩中，具有头和着生于基质的足丝。

3. 浆足虫（*Eulalia tripunctata* and *Eulalia viridis*）属叶须虫科，其中大多是肉食性的，聚集在中心的是卵即受精卵。

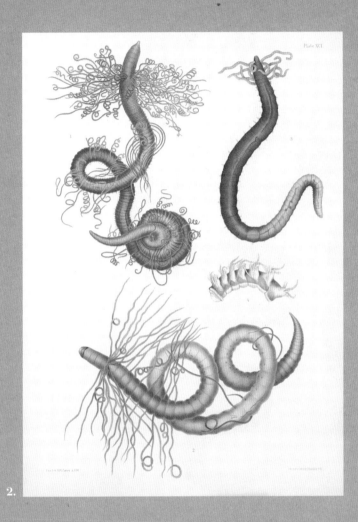

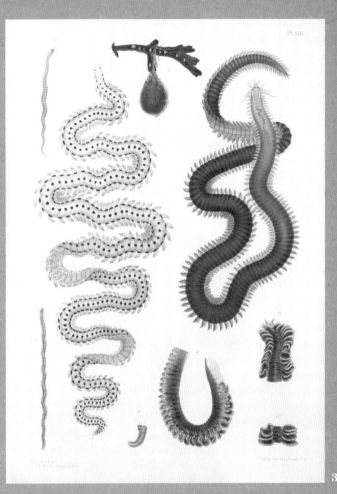

2.

3.

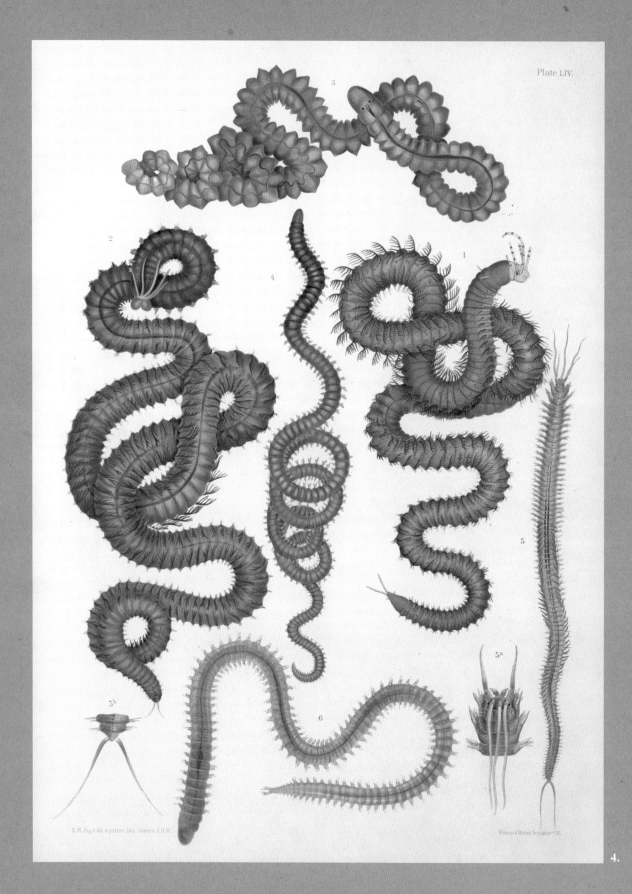

Plate LIV.

R.M. Fig.3 del.4 partim 1a2.. Gerrne A.H.M.   Werner & Winter, Frankfurt ºM.

4. 大多数捕食类的海洋蠕虫是这些颜色丰富的矶沙蚕或者博比特虫，和叶须虫不同的是其中一些可以长到 3 米。矶沙蚕是隐形杀手，它们花时间把自己埋住并伺机猎食经过的猎物。一旦锁定目标，矶沙蚕攻击的速度配合它们强有力的口可以将猎物撕成两半。

着该类群拥有"许多刚毛"，多数物种其层次分明且连续的体节边的副翼上排布有刚毛，故称为"多毛动物"。这些多毛动物在形态、大小、颜色和生活方式上非常多样，超过 9000 种。它们呈世界性分布，有生活在深海的，有漂浮在海面的，还有在岩石上滑行的和海岸泥沙中挖掘穴居生活的。（刘建 译，祝茜 校）

猎人对猎物的爱

作者

查尔斯·梅尔维尔·斯卡蒙
（Charles Melville Scammon,
1825—1911）

书名

*The marine mammals of the
north-western coast of North
America, described and illus-
trated: together with an account
of the American whale-fishery*
《北美西北沿海的海洋哺乳动
物（内含文字说明和插图）及
美国捕鲸业的报告》

版本

San Francisco: J. H. Carmany;
New York: G. P. Putnam's Sons,
1874

1. 在斯卡蒙时代，因为蓝鲸
（*Balaenoptera musculus*）游得太
快，捕鲸者不容易捕到。在 19
世纪后期，福因捕鲸炮的发明使
这些大型动物被大规模屠杀。

查尔斯·梅尔维尔·斯卡蒙出生于美国缅因州皮茨顿（Pittston）的一个小社区，距肯尼贝克河（Kennebec River）的沿海地区约 50 千米。他父亲是镇里兼任多职的高官，后来成为州议会议员。斯卡蒙家族的生活舒适宽裕，在 19 世纪的美国，查尔斯的许多哥哥和姐姐在军事和财政领域都赫赫有名。

与他的兄弟们截然不同，查尔斯·梅尔维尔·斯卡蒙很早的时候就着迷于海洋，15 岁时他就恳求父亲允许他从事海员的职业。起初他父亲不同意查尔斯离开皮茨顿，但斯卡蒙坚持不懈，两年后他如愿以偿地成为罗伯特·墨里（Robert Murray）船长指挥的缅因商贸船的船员。1842 年他以墨里徒弟的身份出海，到 1848 年他首次出任船长。24 岁时，斯卡蒙以商船船长的身份离开缅因州海岸并成功地完成了到旧金山的艰苦航行——行程历时 168 多天，距离 31 400 千米。

在加利福尼亚，斯卡蒙曾亲身体验了席卷当地的"淘金热"，不久他就认识到如果他想继续过海上的生活，他必须"掌管双桅方帆船，转向出海捕海豹、海象和捕鲸"。因此斯卡蒙从事了专门捕鲸的职业，加入这一行后，他眼睁睁地看着许多鲸和海豹的种群数量仅仅在几十年的时间就下降到濒于灭绝的境地。

到 1850 年中期，仅仅在太平洋的美国捕鲸船队就超过了 650 艘。这个半工业化的捕捞渔业为了供应照明和取暖所必需的油，同时为了满足快速工业化的国内市场所需的越来越多的机器润滑油而展开了激

WHALING SCENE IN THE CALIFORNIA LAGOONS.

2.

烈的竞争。或许斯卡蒙是迫不得已才成为一名捕鲸者，但他却证明了自己是冷酷却高效的贸易践行者，他积极参加捕猎活动，直到1863年退休，他指挥了许多捕鲸船和捕海豹船横穿太平洋来捕猎鲸、海豹和海象。

或许他最为出名的地方在于他发现加利福尼亚巴哈的潟湖是灰鲸的产仔地。每年数百头怀孕的灰鲸在这里聚群产仔、哺乳后代，使他的船员可以轻易地捕到猎物。当加利福尼亚沿岸的灰鲸达到高峰时，斯卡蒙的发现导致了连续11个冬季高强度的捕捞，从1855年一直到1865年——称之为"淘金期"。1859年的冬天，斯卡蒙航海到兔眼潟湖（Laguna Ojo de Liebre）（斯卡蒙潟湖）南部的圣·伊格纳西奥潟湖（San Ignacio Lagoon）时，发现了加利福尼亚沿岸灰鲸的最后一个育儿地。在几个捕捞季节过后，潟湖几乎没有了灰鲸的踪影。

除了他的航海技术和捕猎技艺令人佩服外，斯卡蒙还被现在的人们认为是一个天才的观察员和充满激情的人——有时，甚至是兔死狐悲之人—— 一个残酷地把海洋哺乳动物捕捞到几乎灭绝的记录者。这一矛盾似乎并没有困扰他，他兴奋地描述着残忍屠杀大量鲸和海豹的场面"极为美丽壮观"，与此同时，他仔仔细细地记录了猎物的习性、迁徙路线、食性和解剖特征，甚至细致到对紧密的双亲和子代行为的观察。

经过多年的观察和详细的笔记记录，斯卡蒙于1874年将最终结果集结为著名的专著《北美西北沿海的海洋哺乳动物（内含文字说明和插图）及美国捕鲸业的报告》出版。在书的前言里，他指出关于这些庞大海洋哺乳动物的相关信息是最缺乏的，甚至包括最基础的科学知识，他写道："在掌管捕鲸船的许多睿智人中，没有任何人对鲸目动物的自然史作出贡献；但很清楚的是，对于那些具体从事捕鲸业的人们来说，研究它们习性的机会要比可能只是处于兴趣爱好而没被雇用的人们要多。"

为了改变这种情况，斯卡蒙着手准备"北美太平洋沿岸发现的海洋哺乳动物不同物种的真实图片"，以及"这些动物习性的详细记录和

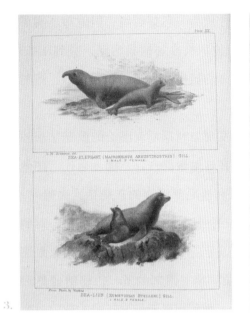

根据我掌握的知识所了解的有关它们的地理分布"。他发现"要在船的甲板上画出符合要求的体形较小的海洋哺乳动物的图稍感困难,要准确描绘体形较大的鲸目类动物更是难上加难"。不仅是捕捞后腐烂的问题,而且活体动物"每换一个姿势都会以独特的方式变化它们的外形,因此只能反复测量和画素描,多次比对,我才能准确地画出这些深海怪物的插图"。

斯卡蒙的书以"简单质朴的语言"撰写,附有许多非常精美的插图,他不仅为北美的捕鲸史,而且为太平洋海洋哺乳动物的自然史资料和观察,都留下了非常宝贵的参考资料。书中大部分鲸和海豹的插图是艺术家和平版家雅克·约瑟夫·雷伊(Jacques Joseph Rey,1820—1892)根据斯卡蒙的野外绘画和测量而作,雷伊就职于加利福尼亚著名的平版印刷公司布里顿和雷伊。斯卡蒙对平版印刷公司的小伙伴亨利·斯坦纳(Henry Steinegger,1831—1893)对海洋和风景的背景所做的细致入微的绘画表示感谢。

尽管斯卡蒙的研究对象包括了海豹、海象和海獭,但他的研究重点主要集中在完全水生的鲸目动物。鲸目是所有哺乳动物中高度特化的一个目之一,现存大约有 80 个物种,主要分成两个类群:须鲸亚目

3. 像鲸目动物一样,鳍足类动物体内也包裹着一层厚厚的脂肪。当鲸类的数量下降时,捕猎者逐渐转向了大型鳍足类,如北象海豹(*Macrorhinus angustirostris*)和北海狮(*Eumetopia jubatus*)。

4. 斯坦纳的风景画描绘了一群灰鲸(*Eschrichtius robustus*),在东北太平洋冷水域的浮冰中摄食。在加利福尼亚,斯卡蒙把这一物种捕捞到商业性灭绝。

（Mysticeti）（须鲸类）和齿鲸亚目（Odontoceti）（齿鲸类）。大多数鲸目动物属于第二类群，它们的颌骨上有牙齿可以用来捕获猎物，一旦捕获，并不咀嚼而是将猎物整个吞下。

一些较大的齿鲸，如虎鲸（*Orcinus orca*），可以像海豹或海狮一样用它们的牙齿咬掉大型猎物的肉。最大的齿鲸是抹香鲸（*Physeter macrocephalus*），尽管大多数雄性个体和所有雌性个体都比较小，但一些雄性个体的体长能接近 21 米。抹香鲸是潜水很深的物种，主要捕食大王酸浆鱿（见 201 页）。

另外一方面，须鲸类的成年个体缺乏牙齿，取而代之的是许许多多的角质须板（鲸须），着生于上颌，用于过滤水中的食物，通常为虾和小鱼。在须鲸类中，非同寻常的是与斯卡蒙的名字密切相关的灰鲸（*Eschrichtius robustus*），为底栖捕食者，专门从海底挖掘甲壳动物为食。

术语"大型鲸类"经常用在比较早期的文献中，通常指最大的 13 种鲸类，体型大小从最大的蓝鲸，雌性个体能达到近 30 米，到雌性小须鲸，平均体长 10 米。有趣的是斯卡蒙并没有提供蓝鲸的更多信息，赫尔曼·梅尔维尔（Herman Melville，1819—1891）在其经典著作《白鲸》（*Moby Dick*）中称蓝鲸为"sulphur-bottom whale"，难以捉摸的蓝鲸游得太快以至于在斯卡蒙时代的捕鲸船很难捕到。（祝茜 译）

Radiolaria Pl.129.

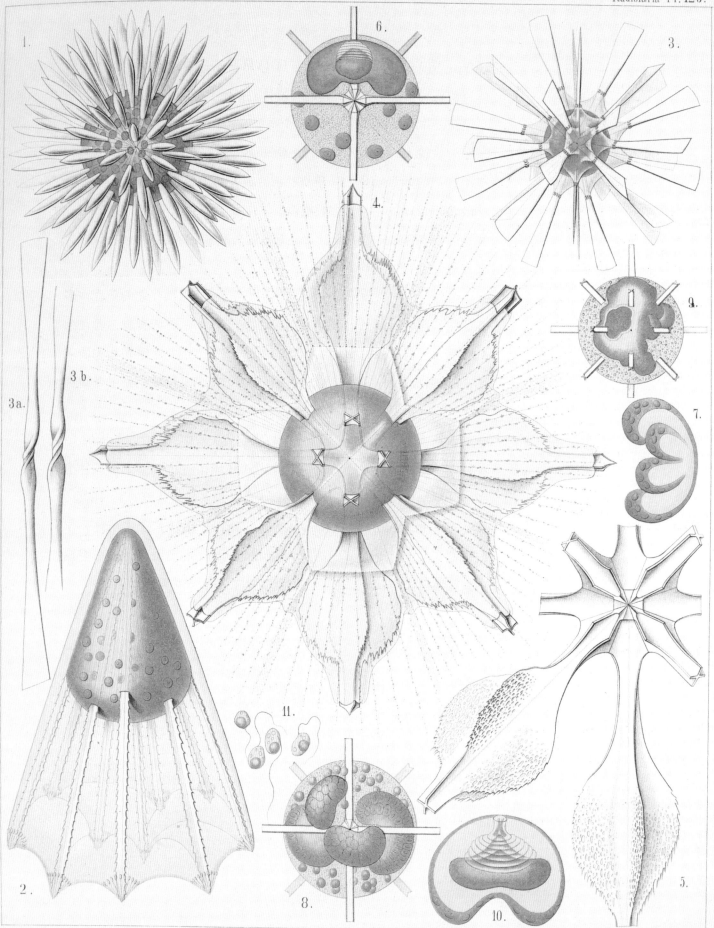

1. ACTINELIUS, 2. LITHOLOPHUS, 3. CHIASTOLUS,
4-11.ACANTHONIA.

海克尔：艺术家、
动物学家和进化论者

作者
恩斯特·海克尔（Ernst Haeck-el, 1834—1919）

书名
Report on the Radiolaria collect-ed by H.M.S. Challenger during the years 1837–1876. (Report on the scientific results of the voyage of H.M.S. Challenger during the years 1873–1876，Zoology, v. 18)
《1837—1876年 H.M.S. 挑战者号航海所采集的放射虫报告》（动物学，第十八卷）

版本
London: Her Majesty's Station-ery Office, 1887

德国动物学家恩斯特·海克尔的名字，在19世纪的生物学领域如雷贯耳。他除了是一位多产的作家和天才的艺术家，还是一名欧洲大陆最有力的、坦率的进化思想的倡导者。同时，作为科学领域杰出的普及者，海克尔的讲义和书籍在向广大欧洲观众传播进化思想方面起到了重要作用，他作品的销售数量和不同语言版本数均超过了达尔文。

海克尔出生于普鲁士波茨坦的一个富裕家庭，如同当时许多特权阶级，他被安排学习医学。先后在柏林和维尔茨堡（Würzburg）就学，他于1857年获得资格去实习。但不到一年他就觉得这不是他的人生，然后就到了地中海地区，用一年的时间进行旅游、绘画以及收集海洋动物。

在西西里岛的墨西拿期间，他第一次遇到了大量的被称为放射虫的海洋动物。在显微镜下观看，这些放射虫玻璃质（硅质）的骨骼非常复杂，常常呈现出完美的、对称的几何形状。对于一直致力于弥合浪漫的理想主义信仰和简约的现代生物理论之间差距的海克尔来说，这些美丽非凡的生物为解决这个矛盾提供了一条思路。这些生物多样的形状为他的艺术天赋提供了一个理想舞台，向他展示了自然的内在奥秘。令人欣喜的是，他返回到德国在耶拿大学（University of Jena）攻读博士学位，师从著名的解剖学家卡尔·盖根保尔（Karl Gegenbau-er，1826—1903）。1862年，海克尔的第一卷《死亡的放射虫：一部专著》

1. 这些微小的放射虫类生物美丽、复杂，形状多样，海克尔利用它们展现自己超凡的科学研究和艺术能力。

（*Die Radiolarien: eine Monographie*）出版，同年，他被大学聘任为比较解剖学教授，并一直持续了 47 年。

海克尔是一位多才多艺的解剖学家，他致力于研究大量的海洋无脊椎动物并予以了精美的绘图，从微小的无核原生动物到大型并集群的管水母动物（见 66 页）。但对放射虫类动物，他则继续作出了重要的专业贡献。在忙于放射虫专著期间，查尔斯·威维尔·汤姆森爵士（Sir Charles Wyville Thomson，1830—1882）联系了海克尔，邀请他为《1872—1876 年 H.M.S. "挑战者号" 的考察》（*HMS Challenger expedition 1872—1876*）提交一个报告。威维尔·汤姆森是《1872—1876 年 H.M.S. 挑战者号的考察》的发起者兼首席科学家，致力于找寻专家的艰巨任务，以研究考察期间收集到的数量巨大的动物（标本）。海克尔愉快地接受了邀请，在后来的数十年中，他刻苦研究考察期间收集的放射虫。果不其然，责任重大，任务艰巨，海克尔要描述并绘图的放射虫不计其数，"就像无限苍穹的星星"。但海克尔还是坚持了下来并最终于 1887 年完成了任务。在那一年，他出版了体现他不朽地位的 18 卷动物学巨著《H.M.S. 挑战者号航海所采集的放射虫报告》。

海克尔的著作可分为三大部分，其中第三部分为 1600 幅精致描绘的图版组成的图集。应该说，正是海克尔令人敬佩的绘图能力，才有助于"在无穷尽的微观生物领域，其多样化的美丽形态证实了谚语——自然界最大的特点可由最小的细节显现"。它们的多样性吸引并鼓舞着海克尔，他的艺术天赋也将世人引进了一个微观生命的世界。在此著作中，海克尔描述了 39 个属的 4318 种放射虫，其中 3508 个为科学上的新种。尽管如此，他还是清楚意识到他难以穷尽哪怕仅仅手头的资料，遗憾地说道："若还有第二个十年给我，可以进行仔细耐心的工作，将有可能发现上千种的新种（特别是小型的类群），但若要求一个最终的结果，一生的时间都不够。"

继达尔文以后，海克尔已成为 19 世纪最有影响的进化论者。除了科研专著外，他还为外行的公众撰写并出版了众多畅销的有关进化思

2.这里展示了六柱虫属（*Genus Hexastylis*）的 11 个放射虫物种，图正中间的美丽放射虫（*Hexastylis cochleatus*）因其艳丽的色泽而被命名。

3.1879 年，约翰·默里（John Murray）创建了 *Haeckeliana* 属，以向海克尔致敬，图中央的物种被命名为 *Haeckeliana darwini*，以此纪念他的导师。

HEXASTYLUS.

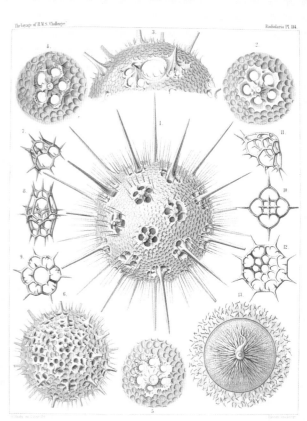

1-6. HAECKELIANA. 7-9. DISTEPHANUS. 10-13. CANNOPILUS.

2.   3.

Haeckel and Giltsch del.   E.Giltsch, lith.Jena.

GORGONETTA.

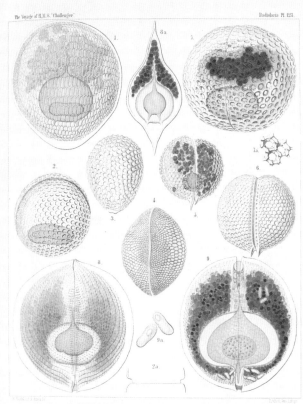

1.4. CONCHARIUM. 5.6. CONCHASMA. 7. CONCHELLIUM.
8.9. CONCHOPSIS.

5. 许多放射虫类，特别是发现于海洋光照层（表层）的种类，组织中含有共生（绿）藻。这些绿藻为它们的寄主提供营养，并从寄主那里获得保护以免被捕食。

想的先锋读物。尽管是一位进化论的积极鼓吹者，但海克尔从来不认为自然选择是进化的主要动因，而是提出了替代的思路。他相信在进化过程中胚胎发育可能是环境影响的直接反应，"个体发育是系统发育简单而快速的重复"。尽管人们现在对他的这种主张还存在争议，但海克尔作为一个深邃的思想家，他的研究工作成果还是给生物学领域留下了很多的基础生物学概念，创造了很多如生态学、系统发生学、分类学等众多学科持久的应用词汇。

放射虫是一类浮游的、单细胞的海洋真核生物（即具有细胞核的生物），遍布于世界范围的海洋，5 亿年来一直是海洋生态系统的重要部分。尽管作为单细胞生物，但放射虫在解剖学上非常复杂，身体分为若干间隔，以精巧构筑的骨骼支撑和围绕。这些生物最为惊艳的特征是它们高度精巧的硅质构造，形成了复杂的板状骨架和数量众多的尖锐骨针，进而形成了细胞内细胞质中延伸出的细长根足。因为硅基物质在海水环境中是不溶解的，所以它们沉于水中且不断累积，最终形成了覆盖大多数海床的硅基软泥。

海克尔提到的放射虫多数是挑战者号探险期间从深海软泥中收集的。放射虫类以其他的浮游生物类为食，如硅（矽）藻、（普通）海藻、桡足类（见 189 页）和细菌类，用它们数量众多的黏性根足来捕捉。许多光合藻类（主要是腰鞭毛虫）栖息于放射虫类的身体外层间隔内，放射虫类为藻类提供营养，而这些藻类反过来为放射虫提供保护并以含氮代谢废物和二氧化碳的形式提供营养来源。（刘建 译，祝茜 校）

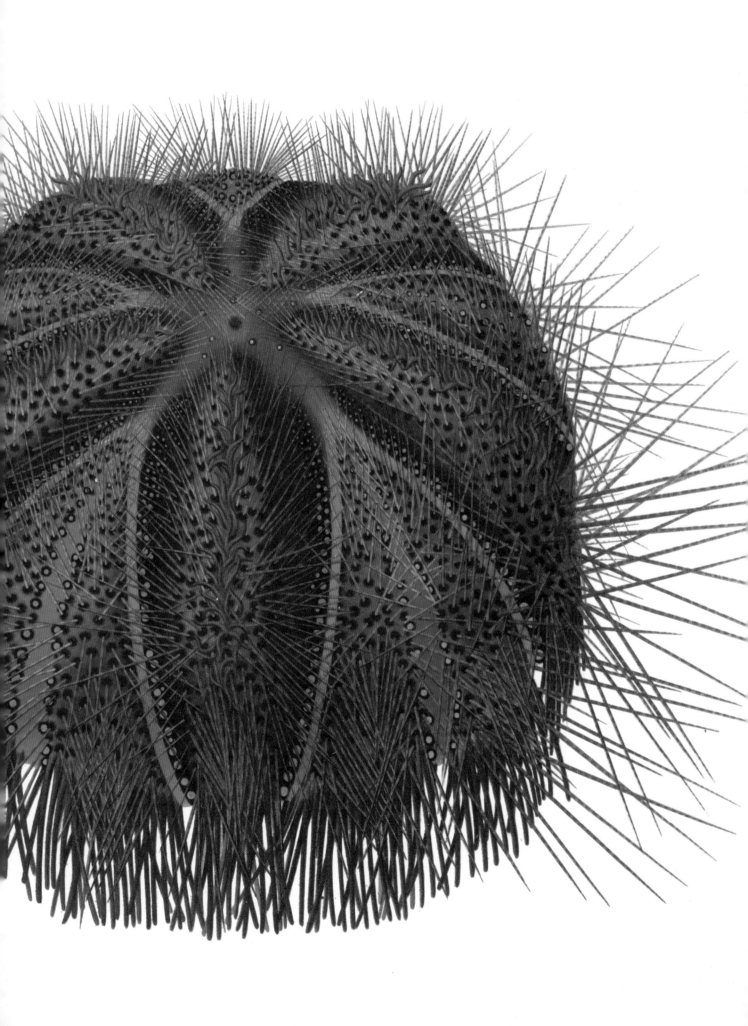

保护先驱

作者
保罗·萨拉森（Paul Sarasin,
1856—1929）
弗里茨·萨拉森（Fritz Sarasin,
1859—1942）

书名
*Ergebnisse naturwissenschaftli-
cher Forschungen auf Ceylon
(Results of scientific research in
Ceylon)*
《锡兰的科学研究结果》

版本
Wiesbaden: C. W. Kreidel,
1887–1893

1.有蓝色标记的星肛海胆（*Astro-
pyga radiata*）是印度洋－太平洋
的一个常见物种。萨拉森在佩拉
德尼亚时，有着绘画天赋的僧伽
罗人威廉·德·阿尔维斯画了这
幅漂亮的标本图。

生物学家保罗·萨拉森是瑞士自然保护联盟的创立者，同时也是 20 世纪欧洲国际保护方面赫赫有名的支持者。他生长于巴塞尔，并在那里开始了医学研究。但当访问了位于维尔茨堡的动物研究中心后，他被德国探险家和博物学家卡尔·戈特弗里德·西姆珀（Karl Gottfried Semper，1832—1893）的魅力所吸引，便放弃了医学转向动物学。在导师西姆珀的指导下，萨拉森完成了关于触角豆螺（*Bithynia tentaculata*）的论文，并因此于 1882 年获得了维尔茨堡大学的博士学位。

1883 年秋天，萨拉森和他的远房堂兄弟弗里茨·萨拉森一起离开了欧洲，并对当时英国殖民统治下的印度洋锡兰岛（斯里兰卡）进行了为期两年半的考察。这对堂兄弟开始着手一项雄心勃勃的事业，包括横穿整个岛屿、收藏标本和观察动植物的生活，详述地理观测和广泛的岛屿土著居民民族志的研究。

1886 年回到巴塞尔后，他们开始把调查结果汇编成 3 部令人印象深刻的论文集《锡兰的科学研究结果》，并于 1887—1893 年出版发行。

这部作品带有生动的插图，尽管萨拉森没有提及作者，但是有大量的作品，比如本文选取的图片，在左下角都被标注"德·阿尔维斯"（De Alwis）字样。众所周知，从 19 世纪 20 年代开始，德·阿尔维斯是佩拉德尼亚植物园的锡兰艺术世家。在《锡兰的科学研究结果》导论中，萨拉森提到他和堂兄弟在岛屿上的第二年曾在佩拉德尼亚逗留过。

哈尔马尼斯·德·阿尔维斯（Harmanis de Alwis，1792—1894）是一位有声望的植物插图画家，他的两个儿子也是功底深厚的艺术家。大儿子威廉·德·阿尔维斯（William de Alwis，1842—1916）是一个备受推崇的植物插图画家，并把动物图纸赠予那些来植物园参观的博物学家们。毫无疑问，萨拉森那渲染着色、非常漂亮的海胆就是这位有才华的僧伽罗艺术家的作品。

《锡兰的科学研究结果》出版之后，萨拉森兄弟奔赴远东地区并且花费了 3 年的时间考察西里伯斯岛（苏拉威西岛）。1896 年回来后，根据他们的发现发表了一篇报告。

在接下来的一年里，保罗·贝内迪克特·萨拉森扩展了自己的兴趣并撰写了广泛的学科主题的文章，内容涉及动物学、人种学、天文学、艺术史和神学。在世纪之交，萨拉森已经完全致力于自然保护事业。在 1906 年的瑞典社会自然研究年会中，萨拉森成功游说成立了一个保护委员会。1909 年，萨拉森创立了瑞士自然保护联盟。因为萨拉森和联盟很大程度上的不懈努力，1910 年，瑞士美丽的瓦尔谷举行了奠基仪式，该地之后成为中欧第一个国家公园。

尽管保护行动在瑞士本土非常成功，但萨拉森意识到一个国际性的组织需要全球协调的保护行动。经过在国际舞台上坚持不懈的努力，1913 年，萨拉森成功地联合了 16 个欧洲国家和美国的代表成立了一个国际自然保护咨询委员会。可惜的是，冲突矛盾和无所作为很快便导致了委员会的解散，萨拉森的健康每况愈下，迫使他退出公共生活。

1929 年春天，萨拉森因为肺炎在故乡巴塞尔去世，享年 73 岁。尽管萨拉森在世时没有能够实现亲自建立国际保护网络的目标，但人们把 1948 年成立的世界自然保护联盟（IUCN）归功于萨拉森的遗愿，现如今萨拉森被誉为国际保护运动的开创性元老。

海胆类属于棘皮动物门（Echinodermata），与饼海胆同属于海胆纲（Echinoidea）。它们都是非常成功的海洋无脊椎动物，已知的物种

2 和 3. 解剖以后，典型的棘皮动物特征，五次对称，在海胆的内部器官中是非常明显的。

182

Tafel XIV.

Fig. 27. Die Stewart'schen Organe von Asthenosoma (Seite 100 ff.)
ag Ambulacralgefäss, *c* Compassstücke der Laterne, d_1 erste untere, d_2 zweite obere Darmwindung, *e* Einschnürung einer Stewart'schen Blase, *g* Geschlechtsorgane, *m* Längsmuskeln, *n* Niere, *sto* Stewart'sche Organe, *z* zipfelförmiger Anhang derselben, *zs* Zahnsäcke der Laterne.

De Alwis del. Lith.Anst.v.Werner & Winter,Frankfurt ªⁿM.

有 700 多种，从潮间带到深海海底都可以发现其踪迹。许多物种的个体集合成上百甚至成千上万的群，然而有些种是单独的。它们的形态、纹饰和颜色多种多样，目前大部分的海胆可以根据对称规则、顶系特征、扁平的腹侧表面以及某种保护棘刺很快地辨认。进一步的研究表明大部分棘皮动物的典型特征为五次对称，即使外部并不是十分明显，但如图 2 所示，解剖后可以看到它们所有内脏都是五次对称的。

海胆能够移动，尽管移动的速度远远慢于上面提到的海蛇尾（见 38 页），用 5 对所谓的管足行走，这些管足能够通过腹侧面的渗透感知外界刺激，并与体内和运动、呼吸相关的水血管系统有着一定的联系，海胆在世界各地因其生殖腺而有价值，雄性和雌性的生殖腺被认为是一种佳肴，因此在很多地区被过度捕捞。

海胆的数量由于过度捕捞或者渐增的、频繁的疾病暴发而减少，暗礁群也因此遭遇了毁灭性的灾难。缺少类似海胆的食草动物，暗礁会布满海藻并且失去生命力。（郭亦玲 译，祝茜 校）

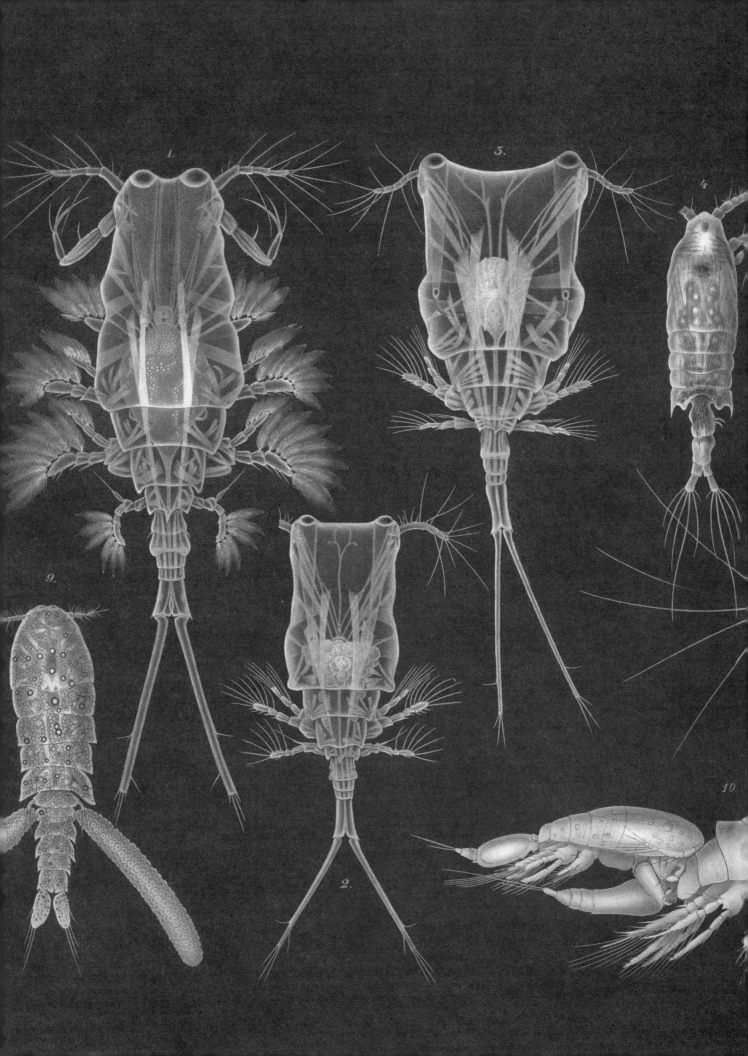

桡足生物学的鼎盛时期

作者
威廉·吉斯布雷希特（Wilhelm
Giesbrecht, 1854—1913）

书名
*Systematik und Faunistik der
pelagischen Copepoden des Golfes
von Neapel und der angrenzen-
den Meeres-Abschnitte (Fauna
und Flora des Golfes von Neape
und der angrenzenden Meeres-
Abschnitte, 19. Monographie)
(Systematics and faunistics of
pelagic copepods of the Gulf of
Naples and its adjacent marine
regions [Fauna and flora of the
Gulf of Naples and its adjacent
marine regions, 19th mono-
graph])*
《那不勒斯海湾及毗邻海区的浮
游桡足类的系统学和动物区系
学》（那不勒斯海湾及毗邻海域
的动物区系和植物区系，19 世
纪专著）（以下简称《深海桡足
类》）

版本
Berlin: R. Friedländer & Sohn,
1892

1. 吉斯布雷希特是编制桡足类
生物荧光文档的第一人，整个版
面以黑色为背景来体现荧光的
颜色。

19 世纪后期被认为是桡足生物学（Copepodology）的鼎盛时期，是人类对海洋甲壳类深入了解的快速发展时期。正是在这个时期，海洋生物学家开始意识到，丰富的生物在海洋生态系统中扮演的核心作用。在这鼎盛时期，有许多活跃的桡足类专家，其中一个著名的就是德国动物学家威廉·吉斯布雷希特，他惊人的插图专题著作《深海桡足类》，在今天被认为是具有重大影响的作品之一。

吉斯布雷希特出生于普鲁士帝国的但泽（Danzig）。1878 年，吉斯布雷希特在基尔大学的动物研究所开始学习。在此之前，基尔大学动物研究所已经成立了 10 年，并由著名的有影响力的德国海洋生态学家卡尔·奥格斯格·莫比乌斯（Karl August Möbius，1825—1908）担任第一负责人。在莫比乌斯的领导下，动物研究所迅速成长为卓越的学术中心，吸引了普鲁士帝国各地的学生和老师。该研究所成为北欧生态科学的发源地，而莫比乌斯在基尔海湾动物和生态方面的著作为海洋生态学奠定了基础。对于从基尔大学毕业的学生而言，他的影响力有着深远的意义。

在莫比乌斯的亲自督导下，1881 年吉斯布雷希特完成了关于波罗的海地区桡足类的论文。在随后的几年里，莫比乌斯开始了一系列关于桡足类在海洋中的作用的有影响力的研究，但在那时，吉斯布雷希特前往位于那不勒斯的世界著名的动物研究工作站担任动物学研究员，那是一个备受青睐的职位。该站的创办人菲利克斯·安东·多恩

（Felix Anton Dorhn，1840—1909）非常尊重吉斯布雷希特，并且任命他为该站仅有的七名科研人员之一。

在那不勒斯，吉斯布雷希特有机会利用世界级的设备和国际科学中心的智力资源，并且能够收集来自海湾和附近地区的桡足类动物标本。他的专题研究很大程度上得益于盖塔诺·基耶尔基亚中尉（Gaetano Chierchia，1850—1922）在1882—1885年跟随意大利轻巡洋舰环球探险期间所制作的桡足类标本。多恩曾经培养基耶尔基亚很长一段时间，虽然主要科学目标是深海探测和热测量，但基耶尔基亚和其他工作人员收集了世界各地的大量海洋生物标本。

经过十多年的研究，1892年吉斯布雷希特出版了他的里程碑式著作《深海桡足类（系统学和动物区系学）》，书中54幅整页的插图中有很多以黑色为背景的、非常生动的桡足类动物的彩色描绘，包括黑暗色调的深水栖息地。其中一个带有插图的桡足类是角突隆剑水蚤（Oncaea conifer），该物种是被吉斯布雷希特发现并描述的。他生动描绘了一幅小雄性个体和大雌性个体交配的场景，并且许多年以后，发布了其第一个生物荧光的观察（见205页）。在专题著作发表12年后，吉斯布雷希特被动物站授予名誉教授的称号并将余生致力于动物站的研究工作。他于1913年2月在那不勒斯去世，享年59岁。

桡足类是水生甲壳动物的重要组成部分。目前已知有13 000种，而至少10 000种生活在海洋里，它们的栖息地遍布各处，从海洋表面直到最深渊。尽管其大部分物种都很小，长度只有0.2～2毫米，它们却是地球上最丰富的多细胞生物。桡足类中有将近一半的物种是寄生生物，生活在鱼以及许多无脊椎动物中的体内或表面，其他物种自由生活，正是这些漂浮物种构成了海洋浮游生物的大部分。

桡足类在海洋食物链中形成了一个重要的环节，因为它们是单细胞细菌、原生生物和海洋藻类的主要捕食者，这些捕食者将光能转化为食用生物量。反过来，桡足类被其他无数的无脊椎动物、鱼类甚至鲸和海鸟捕食。在海洋里桡足类还起到了另外一个非常重要的作用，就是作为碳循环的一环。很多种类在夜间游到海水表面捕食，白天潜

2. 在这幅版面中值得注意的是，吉斯布雷希特分别用黑色和浅色的背景描述了物种。有一个物种，圆矛叶剑水蚤（*Sapphirina ovatolanceolata*）被绘制了两次，一次是以黑色为背景着重强调了它的漂亮的生物荧光颜色，一次是以浅色为背景绘制了它形态解剖图。

3. 吉斯布雷希特的插图展现了桡足类体内非凡的多样性以及繁殖生物学的详细情况。在这幅插图中，可以看到不同的雌性物种携带着储存在卵囊或者依附在身体上的受精卵。

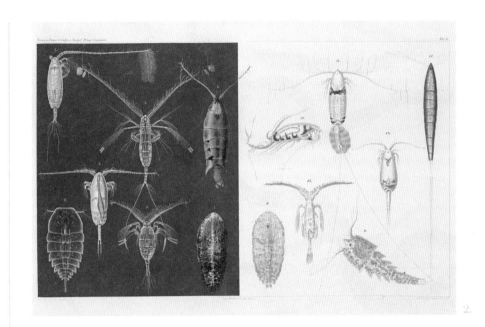

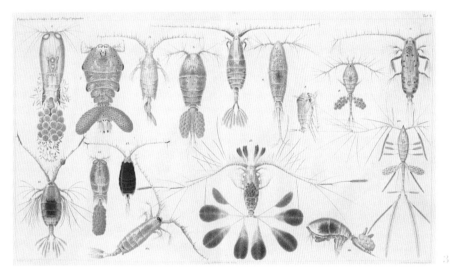

到更深的水域来躲避敌害。通过这种方式，它们将阳光照射到水面转换成的碳运输到更深的阴暗水域。

它们的排泄物、蜕下的角质层和尸体从海水表面大量落下形成了肉眼可见的聚合物，这种现象被称为"海洋中的雪"，这一连串的有机碎屑将二氧化碳传送到洋底并被固定，很长时间不会再进入大气层。

（郭亦玲 译，祝茜 校）

189

神秘的纽形动物门

作者
威荷姆·海因里希·奥托·博
格（Willhelm Heinrich Otto
Bürger，1865—1945）

书名
*Die Nemertinen des Golfes von Neapel
und der Angrenzenden Meeres-Ab-
schnitte (Fauna und Flora des Golfes
von Neape und der angrenzenden
Meeres-Abschnitte, 22 Monographie)*
*(The nemerteans of the Gulf of Naples
and adjacent regions [Fauna and flora
of the Gulf of Naples and its adjacent
marine regions, 22nd monograph])*
《那不勒斯湾及其邻近地区的纽
虫（那不勒斯湾及其邻近的海
域中的动植物区系，第二十二
部专著）》（以下简称《那不勒
斯湾及其邻近地区的纽虫》）

版本
Berlin: R. Friedländer & Sohn, 1895

作者　威廉·卡迈克尔·麦金
托什（William Carmichael McIn-
tosh, 1838—1931）
书名　*A monograph of the Brit-
ish marine annelids*
《关于英国海洋环节动物的专著》
（见图3和图4）
版本　London: Ray society, 1873-1923

威荷姆·海因里希·奥托·博格出生并成长于德国贫穷的萨克森州（Saxony）汉诺威市（Hanover）。遗憾的是，我们几乎找不到关于他家庭和童年的记载，只知道25岁左右时他已经是哥廷根大学动物学院的讲师兼助理。在哥廷根，他对海生蠕虫的研究尤其是对纽形动物门的一些不常见的带状结构和吻的研究为他赢得了声誉。他的导师安布罗修斯·胡本慈（Ambrosius Hubrecht，1853—1915）是当时世界级的纽形动物专家，也是荷兰非常有名的胚胎学家。胡本慈邀请博格到世界著名的那不勒斯动物研究所接管他纽形动物的工作，博格也因此得到了一展身手的机会。

胡本慈已在那不勒斯的研究所工作了很多年，但他兴趣广泛，一次偶然的机会使他可以游览荷属东印度群岛，所以他请博格来完成荷兰地区纽形动物的专题研究。在柏林科学院的资助下，博格于1891年的冬天到达荷兰，并立即开始对胡本慈留下的材料进行全面的分类整理，然后他便开始了自己的研究。到1893年秋天，博格已经收集到了所有胚胎研究和生物研究所需的数据，但在他完成所有工作之前，他却不得不因为原来的工作而回到哥廷根。

在哥廷根，博格继续进行纽形动物的专题论文写作，最终完成了近700页的手稿，并于1895年发表，名为《那不勒斯湾及其邻近地区的纽虫》。手稿还包括31页整版插图，色彩鲜丽的纽形动物的插图向读者展示了这些动物的一生。博格非常感谢绘制插图的这位画家为他的论文前言提供了这些出色的图画。这名年轻的画家在博格的指导下工作了足足 6 个月的时间来精心制作插图，不幸的是，在这些画作完成后不久，也正是在博格回德国的路上，他就去世了，我们只知道他的名字叫海因策（Heinze）。

博格关于纽形动物的专题论文获得广泛好评，他的这篇文章被认为是截止到那个时期关于纽形动物研究的最具影响力的文章之一。1900 年，博格离开哥廷根去了智利，并成为位于圣地亚哥的智利国家自然博物馆主管。就在前一年，博物馆已经成立了植物、动物和矿物部门，博格同时也被任命为动物学教授。尽管管理工作以及环游智利占了他的大部分时间，但他仍然继续从事纽形动物的研究。1908 年，他辞去博物馆主管工作回到了德国。尽管他也会继续发表一些科学论文，但他主要致力于智利的经济地理学及游记写作。80 岁的时候，他在上巴伐利亚去世。

博格从事纽形动物研究时期，曾经发生过有关这些特殊蠕虫亲缘关系的争论。大部分的动物学家们认为，它们与扁形动物，也就是扁形虫的亲缘关系很近，但威廉·卡迈克尔·麦金托什（见 164 页）等其他的动物学家们则认为，它们是多毛类蠕虫（环节动物）的一个分支；有报道称麦金托什的环节动物专题论文的一幅鞋带虫（*Lineus longissimus*）插图中，这种纽形动物的长度达到了令人惊讶的30.5米。毫无疑问最受争议的是博格的导师安布罗修斯·胡本慈支持的"纽形动物属于脊索动物门（脊椎动物的祖先）"的观点。博格也加入了这场争论，他经过对以上两种理论的仔细分析后，得出结论，认为纽形动物与扁形动物之间的关系比其他任何群体都近。他的这个观点一直沿用到 20世纪。

有趣的是，现在这些特殊蠕虫的亲缘关系问题又陷入了争议，尽管没有找到证据证明纽形动物门与脊索动物门的关系，但分子研究表明，它们都属于一个大的无脊椎动物门——冠轮动物门（Lophotrochozoa），该门还包括环节动物、扁形动物、软体动物、腕足动物和其他一些类群。但纽形动物真正属于哪个门至今也没有统一的说法。

1. 许多纽形动物的体表都有鲜亮的颜色和明显的图案，可以警告捕食者，它们不可食用。这些纽形动物的主要捕食者是其他一些有毒的纽形动物。

2. 及线纽虫属中共有 100 多个
种，其中有 17 种都有巧妙的
伪装。

　　且不谈它们的起源问题，目前已经发现了近 1000 种纽形动物，大部分都是在海洋中发现的。它们会钻入海底的沉积物或者生活在贝壳与岩石之间的缝隙中。一些纽形动物的长度不可思议，甚至能达到 6 米，但大多数都在 25 厘米以内。尽管如此，所有纽形动物的身体都有极强的伸展能力，可以拉伸到体长的几倍。大多数纽形动物的移动都非常缓慢，它们头部的腺体能产生黏液，然后利用体表外线毛的摆动，沿着黏液的痕迹往前滑行。一些体型较大的物种可以通过肌肉收缩产生的动力前进，这样它们就可以在水流中爬行或游动。大多数纽形动物都是灵敏的捕食者，它们的猎物多种多样，如环节动物、软体动物和甲壳类，甚至是其他种类的纽形动物。

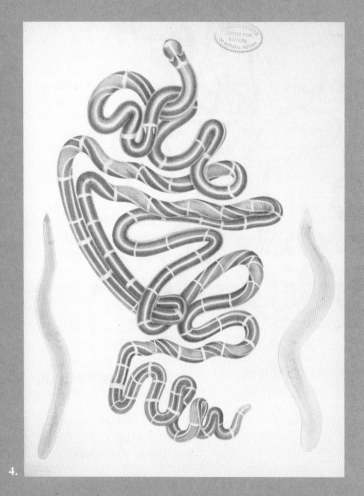

4.

5.

3. 这只漂亮的卡里内拉环节虫（Carinella annulata）是由威廉·麦金托什分类鉴定的，他主张纽形动物是环节动物的一个分支，因此在他的大英环节动物专题论文中包括很多纽形动物。

4. 这只巨大的马里纳斯环节虫（Lineus marinus）的插图同样来自威廉·麦金托什的专题论文，它是最长的物种之一。

　　纽形动物的捕猎需要依靠能够极度延长的吻来完成，而延长的吻有赖于体壁的延伸，位于消化管背部的吻鞘内腔（吻腔）中。当全身的肌肉压缩吻腔内的液体时，纽形动物的吻会迅速地翻出体外并将猎物包裹住，然后用具有黏性的毒液将其固定或者用尖锐的钙质倒钩反复刺进猎物体内并注射毒液。一旦被固定，猎物就会随着吻的回缩而被卷入纽形动物的口中。（李怡婷 译，祝茜 校）

"瓦尔迪维亚号"的成功

作者
卡尔·弗里德里希·克森（Carl
Friedrich Chun, 1852— 1914）
书名
*Aus den Tiefen des Weltmeeres:
Schilderungen von der Deutschen
Tiefsee-Expedition*
*(From the depths of the world's
oceans: description of the Ger-
man Deep-Sea Expedition)*
《来自世界海洋的深处：德国
深海探险的说明》
版本
Jena: Gustav Fischer, 1900

作者 卡尔·弗里德里希·克森
（Carl Friedrich Chun, 1852—1914）
书名 *Die Cephalopoden
(Wissenschaftliche Ergebnisse
der Deutschen Tiefsee-Expedi-
tion, auf dem Dampfer "Valdi-
via," 1898–1899, Bd.18)*
《头足类动物（1898—1899年德
国深海探险队"瓦尔迪维亚号"
的科学成果）》（见图 1, 3, 4 和 5）
版本 Jena: G. Fischer, 1910–1915

1.《"瓦尔迪维亚号"的科学成果》
24卷中的大部分配图是由艺术雕
刻家弗里茨·温特完成的。这只体
型巨大的南极章鱼——莱维深海蛸
（*Benthoctopus levis*）科学插图完美地
展示出了他的艺术和科学实力。

德国动物学家卡尔·弗里德里希·克森是一个具有非凡才能和活力的梦想家。他就读于哥廷根大学和莱比锡大学，1876年获得博士学位后，就去了那不勒斯动物所，在那个时期，这个研究所被认为是海洋动物的研究中心。在那不勒斯，克森发表了一篇关于栉水母（见13页）的专题论文，这篇论文为他赢得了国际声誉，1881年，他入选德国利奥波第那科学院。

1891年，克森被任命为布雷斯劳大学的动物学教授，他的兴趣也从头足类软体动物扩大到其他一些浮游无脊椎动物。一系列高水平文章的发表为他在海洋生物领域树立了公认的权威。

1897年，克森向德国博物学家和医师协会递送了一篇充满激情的演说稿，他提出了一个充满雄心的探索计划，计划环游地球，从深海收集宝贵的数据和样品。在克森的提议之前，主要是英国的远征队主导深海探索，尤其是1872—1876年由"挑战者号"完成的划时代的远征（见175页）。克森确信深海中仍然有很多资源尚待发现，政府的首要任务就是组织一支装备齐全的科学远征队，把"挑战者号"忽略的区域作为目标。他这个有远见的提议很快就被采纳，并且立即得到了皇帝威廉一世的支持。德国议会也迅速决议为这项事业提供大部分资金。

不到一年，德国远征队就广为人知，蒸汽轮船"瓦尔迪维亚号"被选中，这条船配备了最先进的海洋技术、科学设施以及储备物资。

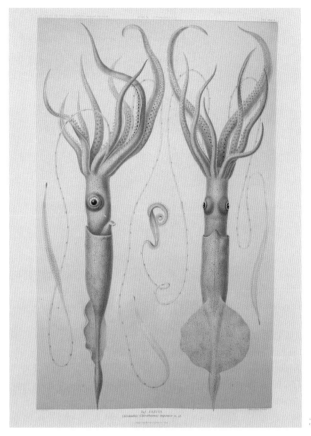

这些装备包括一个专供学者与专家做深入研究的图书馆、完整的 50 卷"挑战者号"划时代的报告和一个装满葡萄酒的酒窖。这些设施都是由美国汉堡公司的爱国理事出资提供的，他们是"瓦尔迪维亚号"的拥有者并为其提供装备。1898 年 6 月底，在克森的科学领导下，"瓦尔迪维亚号"载着一支杰出的科学团队从汉堡港起航，开始远征。

在克森的领导下，"瓦尔迪维亚号"绕大不列颠岛航行了 59 264 千米，停在爱丁堡拜访了"挑战者号"，在这里克森和他的同事们调查了一些"挑战者号"远征时收集的深海生物和沉淀物。接着他们向南航行，绕过非洲，经过爱德华王子岛，到达了南极冰盖的边缘，然后北上穿过印度洋直到苏门答腊岛。"瓦尔迪维亚号"经过苏伊士运河和地中海返回，并于 1899 年 4 月 28 日回到汉堡港。

这次远征是一次极大的成功，最终发现了很多新物种，有一些来

2. 克森所著的"瓦尔迪维亚号"航行记录第一卷的封面，装饰有非常漂亮的海洋主题插图，这部著作广受喜爱。

3.《"瓦尔迪维亚号"的科学成果》中的一页，描绘了一种令人印象深刻的深海挥鞭物种——元帅手乌贼（*Chiroteuthis imperator*）。

自于 4000 多米的深海，远比之前取样的深度深。在远征过程中，70 多位科学家都在进行样品研究和海洋学数据的积累，直到 1940 年才最终出版了 24 卷名为《1898—1899 年德国深海探险队"瓦尔迪维亚号"的科学成果》的作品。

克森编辑了这一系列作品，并撰写了头足类软体动物的重要部分，其中包括对臭名昭著的幽灵蛸（*Vampyroteuthis infernalis*）（见 231 页）的描述。他的这些头足类标本和许多瓦尔迪维亚系列中描述的其他标本一样，都由极具天赋的科学绘图员兼摄影师弗里茨·温特（Fritz Winter）制作出了绝妙的插图，弗里茨·温特参加了这次远征，得以在这些标本活着的时候绘制插图。克森也有时间为这次深得人心的旅行记录撰写说明，并且以名为《来自世界海洋的深处：德国深海探险的说明》分两卷发行，第一卷在 1900 年出版，第二卷在 1903 年出版。这些书都非常畅销，向德国大众提供了"瓦尔迪维亚号"探险经历的精彩描述，包括参与的人物和他们的性格（伴随着一些精美的插画），还有到达的地区和他们发现的科学亮点。

《来自世界海洋深处：德国深海探险的说明》发表之后，克森继续编辑这次远征的科学记录，直到 1914 年去世，编辑的角色便由他的徒弟奥格斯特·布劳尔（August Brauer）担任。显而易见，克森已经策划并实现了国家最伟大的海洋探险，并牢固地确立了德国在深海海洋研究领域的首要地位。

鱿鱼是至今三大头足类动物（章鱼、鱿鱼、乌贼）中数量最多的。海洋中鱿鱼的物种超过 450 个，是章鱼物种的两倍多。研究头足类软体动物的人们将大部分的鱿鱼列为枪形目（Order Teuthida），这样更容易与嘴边有 10 只触角（而不是 8 只）的乌贼进行区别。鱿鱼的第四只和第七只触角进化得很长，长触角用于诱捕或抓住它们的猎物。另一方面，章鱼有 8 只差不多相同尺寸的触角，雄性将一只触角用于向雌性身体传送精子（精荚）。

大多数的鱿鱼都相对较小，基本不超过 0.6 米，但大王酸浆鱿（*Mesonychoteuthis hamiltoni*）估计长达 12～14 米，被认为是存活

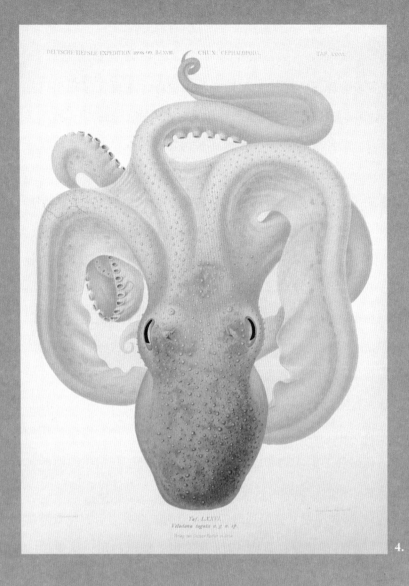

Taf. LXXVI.
Vitreledonella tenuis n. g. n. sp.
Verlag von Gustav Fischer in Jena.

4.

Taf. LXXV.

5.

4. 和 **5.** 这只分两页描绘的罕见的章鱼（*Velodona torgata*）是由克森在非洲东部海岸 749 米深处收集到的。它伸长的带状物可以触碰到每只触手的顶端，这是它最具特色的地方，在其他物种中都未曾发现。

的最大无脊椎动物。不像其他大型无脊椎动物的竞争者，大王乌贼（*Architeuthis dux*）巨大的触手具有一系列的尖钩而不是吸盘。北太平洋巨型章鱼（*Enteroctopus dofleini*）也是一种大型动物，最长纪录为 9 米，然而对于鱿鱼而言，大部分的物种都比北太平洋巨型章鱼要小得多。尽管在一些鲨鱼、象海豹甚至一些海獭和大鱼的胃里也发现了其余头足类，但这些大型头足类的捕食者主要是鲸类，尤其是抹香鲸。

（李怡婷 译，祝茜 校）

12.

Lith Anst v Werner & Winter, Frank

钵水母：唯一真正的水母

作者

恩斯特·万赫芬（Ernst Van-höffen, 1858—1918）

书名

Die acraspenden Medusen der deutschen Tiefsee-Expedition, 1898-1899 (Wissenschaftli-che Ergebnisse der Deutschen Tiefsse-Expedition auf dem Dampfer "Valdivia" 1898-1899, Band 3, Heft 1)

(The acrasped medusae of the Grman Deep-Sea Expedition, 1898-1899 [Scientific results of the German Deep-Sea Expedi-tion, on the steamer "Valdivia" 1898-1899, vol. 3, part 1])

《德国深海探险中的水母，1898—1899》（1898—1899 年德国深海探险队"瓦尔迪维亚号"的科学成果，第三卷，第一部分）

版本

Jena: G. Fischer, 1902

1.这只美丽的天草水母（*Sanderia malayensis*）属于旗口目，它带有荷叶边的身体上并没有冠水母特有的那圈深槽。

德国生物学家恩斯特·万赫芬不仅是一位颇有成就的博物学家，还是一位研究水母的专家。在万赫芬的职业生涯中，他曾多次参加海洋探险，并在研究这些复杂的钵水母类海洋生物的过程中，创造出严谨科学的研究成果。其中，包含很多精美的插图。

1888 年，从柯尼斯堡大学毕业后，万赫芬离开德国，在那不勒斯市的动物学研究所一个重要的岗位任职，并在那里继续研究水母。在那不勒斯期间，作为专家他赢得了越来越多的国际声誉。回到德国不久后，他就被地球物理学家、极地探险家埃里希·冯·德里加尔斯基（Erich von Drygalski, 1864—1949）选入探险队，前往格陵兰岛西部进行调查。在去格陵兰岛的航行中，万赫芬作为冯·德里加尔斯基的唯一随船博物学家，日益展现出他在生物学领域的专业素养和聪明才智。

在北极圈度过了一个艰苦的冬天后，1893 年探险队回到德国。冯·德里加尔斯基此次的探险被认为是国家的重大成就，而万赫芬也受邀来到基尔大学动物学研究所（Zoological Institute at the University of Kiel）（见 187 页）参加会议。德国的著名生物学家卡尔·克森注意到万赫芬在格陵兰岛探险中的活跃表现和他对水母的丰富知识，并邀请他加入1898—1899 年的德国深海探险。于是，万赫芬加入了卡尔·克森带领的由科学家和艺术家组成的团队，登上"瓦尔迪维亚号"，开始了他们举世闻名的深海探险航行。

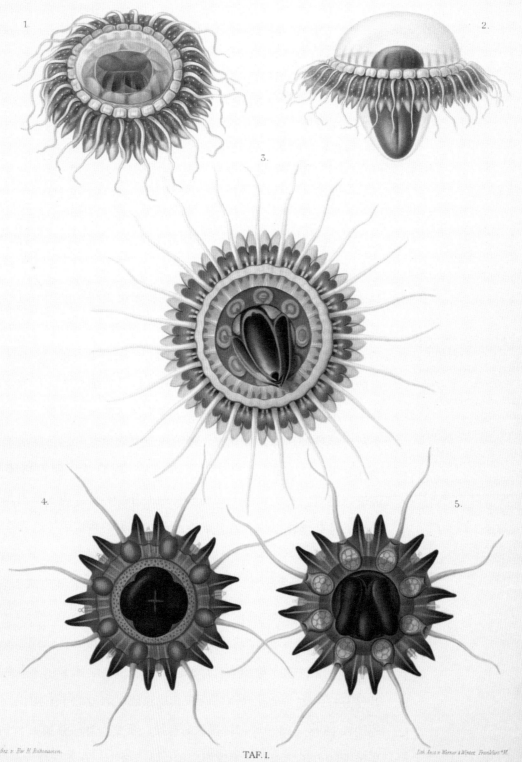

Gez. v. Ew. H. Rübesamen.

TAF. I.

Lith Anst. v. Werner & Winter, Frankfurt ªM.

1. 2. Atolla Chuni. — 3. Atolla Valdiviae. — 4. 5. Nausithoë rubra.

Verlag von Gustav Fischer in Jena.

2. 万赫芬以探险队的领头人卡尔·克森和他们的"瓦尔迪维亚号"的名字为两种冠水母分别命名为 *Atolla chuni* 和 *Atolla valdiviae*。但后续的工作显示 *Atolla valdiviae* 和16年前已经命名的另一个物种 *Atolla bairdii* 为同一种，仅 *Atolla Chuni* 作为有效名字保存了下来。

在这次航行中，万赫芬的任务是挑选、分类所遇到的各种水母，并对它们进行描述。1902年，万赫芬发表了《德国深海探险中的水母，1898—1899》一书，在这部作品中，他为美丽的冠水母制作了详尽的名录，其中一些种类更是第一次被人类发现并记录。万赫芬把其中的一种水母命名为布氏水母（*Periphyllopsis braueri*）来纪念同船的伙伴奥格斯特·布劳尔，他是此次探险的深海鱼类专家。作为万赫芬论文的补充材料，伊维·H.鲁萨门（Ew. H. Rübsaamen）制作了多幅精美的图画，弗里茨·温特也为万赫芬制作了石版。弗里茨·温特是此次航行的随船艺术家，他与科学家们密切合作，共同完成了23册作品并发表在《探险集》和《海洋学发现上》。

1901年年初，万赫芬被任命为德国基尔大学的动物学教授。同年，作为博物学家，他加入了曾经共事过的冯·德里加尔斯基的德国南极探险队，乘坐新建造的科考船"高斯号"（Gauss），在1901—1903年对南极进行考察。在那时，南极还是个充满未知的地域。尽管在冯·德里加尔斯基的大力推动下，各国的科学家多有合作，但紧张的政治对抗仍然存在。在英国派遣出由罗伯特·弗尔肯·斯科特（Robert Falcon Scott，1868—1912）率领的国家南极探险队的同时，法国和瑞典也发起了类似的考察航行。

1902年2月，"高斯号"在南极海岸线80千米外遭遇了冰封，并被困在那里一整年。幸运的是，正是由于冰块不能漂移，德国探险队得以建造一个固定的考察站，用来从事一系列的探查、测量和采集。最终，在1903年2月，他们的船重获自由并试图到达更高纬度的地区，但财政上的拮据迫使冯·德里加尔斯基不得不放弃此次的任务而返航。对于科学界来说，此次航行是一次值得纪念的胜利，然而他的赞助者德国皇帝威廉二世（Emperor Wilhelm Ⅱ）却不满意，他把这次探险队被南极冰雪困住的遭遇视为一次民族的失败。因为德国皇帝只看到，斯科特的英国探险队将英国国旗插到了德国探险队未能到达的更远的南边。

钵水母纲（Class Scyphozoa）和海葵（见134页）、珊瑚（见74

Gez. v. Ev. H. Rubsaamen.   Lith Anst. v. Werner & Winter, Frankfurt a/M.

TAF. II.
6 u. 8. *Periphylla regina.* — 7. *Periphyllopsis Braueri.* — 9. *Periphylla hyacinthina.*

Verlag von Gustav Fischer in Jena.

3. 基于这个个体（右上角）万赫芬定义了一个新的冠水母属，为了纪念同船的奥格斯特·布劳尔，便把它命名为布氏水母（*Periphyllopsis braueri*）。自万赫芬第一次发现它后，便很少发现这个稀奇物种的其他成员。

页、142页）、管水母（见64页）、箱水母（见70页）是近亲，它们同属于腔肠动物门（Phylum Cnidaria）。"钵水母"这个名字源于希腊语"双耳大饮杯"（skyphos），即一种饮水用的杯子。在这个种群的主要生命阶段内，它们的外形很像一个朝上的钟形或伞形，显然，它们是因此才得名"钵水母"。和其他刺细胞动物一样，大多数钵水母纲的动物具有两阶段的生活史。但对于水母来说，水母形态阶段占优势，而附着在其他物体上的水螅状幼体或珊瑚状幼体阶段是不显著的。在所有的海洋中，都能发现水母的身影，从海面到极深的海底，都有它们的栖息地。现在被记录在册的各类水母超过200种，但大多数专家学者认为，还有更多种水母等待被正式命名。

钵水母主要被分为3类。其中一类被万赫芬归到冠水母目（Order Coronatae），通称冠水母。这些水母的钟形或伞形的身体上带有一圈深槽，使它们具有了独特的皇冠状外形。大多数冠水母，尤其是寒冷地区的冠水母，只生活在极深的海洋里。然而也有少数热带地区的冠水母是生活在靠近海面的海水里。就像其他刺细胞动物一样，一些冠水母具有生物荧光，也就是说它们的身体组织可以发出亮光。

刺细胞动物利用一种叫作腔肠素的特殊的荧光素（发光化学物质）来发光，这一点和同样具有生物荧光的栉水母门动物一样。栉水母门动物（Ctenophores）（见71页）和刺细胞动物曾同隶属于腔肠动物门（Phylum Coelenterata），但现在人们已不支持这种观点，认为两种动物是各自独立进化出腔肠素。（满馨 译，祝茜 校）

PTEROIS VOLITANS (LINNÆUS)

醒目而美丽的蓑鲉

作者
大卫·斯塔尔·乔丹（David
Starr Jordan, 1851—1931）

书名
*The fishes of Samoa: description
of the species found in the archi-
pelago, with a provisional check-
list of the fishes of Oceania. (Bul-
letin of the Bureau of Fisheries,
v.25, art.5.)*
《萨摩亚群岛的鱼类：在群岛发
现的物种的描述及大洋洲鱼类
的临时名录》（渔业局公报，第
二十五卷，第五部分）

版本
Washington: Government
Printing Office, 1906

1. 蓑鲉（*Pterois volitans*）的棘有
剧毒，但只有自卫时才会用到。
而在捕猎时，它们用胸鳍围住小
的猎物，然后将其整个吞掉。

　　大卫·斯塔尔·乔丹是 19 世纪末 20 世纪初北美科学界的翘楚，是当时最著名的博物学家和教育家之一。他出生于纽约北部，父母均是反对宗教狭隘和传统社会习俗的进步人士，而乔丹也继承了父母的这种性格，并终身保持了这种性格。乔丹从 14 岁起在当地一所高中上学，直到毕业，他的时间大多数都用来在户外探索自然，收集蝴蝶，为当地的植物编目。

　　18 岁时，乔丹来到康奈尔大学（Cornell University）主修植物学。作为一个学生，他表现得很出色，作为一个老师他表现得也很出色。毕业后，乔丹到中西部地区的各个小型学院教学，极受学生们喜爱，他会在暑假带领他的学生们旅行、采集标本。他们的足迹遍布整个中西部地区，甚至到达了南部诸州。

　　乔丹一生都崇尚路易斯·阿加西（Louis Agassiz，1807—1873）的名言，认为生物学家应该"身处自然界而不是禁锢在书本里"。阿加西有一所学校，位于马萨诸塞州沿岸的海岛上，主要教授自然史和海洋动物学。1888 年，阿加西的学生们在伍兹霍尔（Woods Hole）创建了一个世界闻名的海洋生物学实验室，阿加西的学校正是其灵感来源。阿加西的学校新建成时，乔丹曾去参观，这次参观对他产生了深远的影响。正是阿加西建议乔丹去从事鱼类研究，而乔丹也诚心地接纳了他的建议。在随后的几年里，大卫·斯塔尔·乔丹在学界日渐突出，成为最具影响力的鱼类学家之一，据说他还是北美鱼类学家的祖师级人物。

BULL. U. S. B. F. 1905

PLATE XXXIX

OCEANOPS LATOVITTATA (LACÉPÈDE)

2.

1879 年，乔丹被任命为印第安纳大学（Indiana University）的动物学教授。到 1884 年，他已具备了高超的演讲技巧和高明的管理才智，他的讲座广受欢迎，他还经常参与实地考察。这一切使他成为大学领导层的理想人选。34 岁时，乔丹被任命为大学校长，这位最年轻的大学校长立即展露于人们的视野中。作为印第安纳大学校长，乔丹无疑是成功的。在他任职期间，整个机构的学术地位和财政状况都有提升。在沉重的管理任务下，乔丹在科学界仍保持活跃。据说他刚担任校长后的一年内，论文的出版量仍不少于其他很多教员们。

乔丹的成功令人瞩目，他作为一个先进的教育家和男女同校的有力支持者，吸引了加利福尼亚州前议员利兰·斯坦福（Leland Stanford）和他的妻子简·斯坦福的注意。这对夫妇打算在美国西部建立一个学术机构来和东部沿海的名校竞争。作为和这些名校的对比，斯坦福夫妇想要建造一个男女同校、无教派的大学，最重要的是要能实际

2. 这只黑带软棘鱼（*Malacanthus latovittatus*）是太平洋珊瑚礁比较常见的鱼类。像其他很多方头鱼一样，它们因敏锐的视觉而闻名。这种敏锐视觉在它们捕猎时会用到。

地用来培养有教养的公民。乔丹被邀请担任校长一职，在他40岁时，离开了印第安纳大学，来到利兰·斯坦福的帕洛阿尔托农场（Palo Alto Stock Farm），开始了建造斯坦福大学的基础工作。也是他引导斯坦福大学度过了早年的动荡时期，帮助它成为一个卓越的学术中心。从1891年大学第一次打开校门，到1913年他辞去职位，乔丹一直担任斯坦福大学的校长。斯坦福夫妇的独子在16岁时因伤寒发热而去世，为了纪念他，大学被命名为小利兰·斯坦福大学（Leland Stanford Junior University），但现在人们普遍称之为斯坦福大学。

在乔丹事业的早期，还曾引起斯宾塞·富勒顿·贝尔德（Spencer Fullerton Baird，1823—1887）的注意。贝尔德是华盛顿史密森学会的秘书，还是当时新建的美国鱼类与渔业委员会的第一位委员。成立这个委员会的目的是评估国家的鱼类和海洋资源，评判它们是否属于衰退状态，如果处于衰退状态，委员会还要为补救行动提出建议。贝尔德为乔丹提供财政支持，并允许他使用政府的设施。在乔丹职业生涯的大多数时间里，他一直和史密森学会及鱼类委员会（1903年并入渔业局，后发展为国家海洋渔业署）密切合作。他也曾多次在渔业委员会的科学类丛书上发表他的研究结果，如发表在美国渔业局公报第25卷的《萨摩亚群岛的鱼类：在群岛发现的物种的描述及大洋洲鱼类的临时名录》。

在委员会的支持下，乔丹带领的萨摩亚岛探险队作出了很大的贡献，带给人们很多关于美国及海外地区的鱼类多样性和分布的知识。

1902年，在萨摩亚岛探险期间，乔丹记录道："南海珊瑚礁简直是鱼群遍布"。他引用了库克船长航行的一段记录，说"它们的颜色是人们能想象到的最美的色彩：蓝色、黄色、黑色、红色，不一而足，远胜过任何艺术品"。

在萨摩亚岛探险中，乔丹的论文插图大多数是基于他自己的写生素描。他谦虚地承认，在鳞片和鱼鳍的一些细节上没有描绘得完全准确，但着色时色调有很好地表现出来。

插图中最吸引人的是一幅蓑鲉的图。蓑鲉属于蓑鲉属（*Pterois*），

1 HALICHŒRES TRIMACULATUS (QUOY & GAIMARD)
2 HALICHŒRES DÆDALMA JORDAN & SEALE
3 HALICHŒRES OPERCULARIS (GUNTHER)

3.

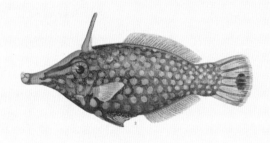

1 MEGAPROTODON TRIFASCIALIS (QUOY & GAIMARD)
2 OXYMONACANTHUS LONGIROSTRIS (BLOCH & SCHNEIDER)

4.

3. 就像在他之前的库克船长一样，乔丹也被他在珊瑚礁遇到的鱼类的缤纷色彩所打动。这里，他描绘了 3 只美丽的热带隆头鱼，它们属于海猪鱼属（*Halichoeres*）。

4. 这两种华丽的珊瑚礁鱼类：川纹蝴蝶鱼（*Chaetodon trifascialis*）（上）和尖吻鲀（*Oxymonacanthus longirostris*）（下）都只以珊瑚虫为食。

这个属名源于希腊语中的"羽翅"（pteron），意指蓑鲉的一个鲜明特征就是具有巨大的羽翅样的鳍。蓑鲉属中有 10 种蓑鲉鱼，它们皆因醒目的图案、美丽的色彩和背部有毒的鳍棘而闻名。

　　这种在有毒动物身上的夺目色彩被认为是一种保护色——在蓑鲉使攻击它的动物中毒之前，它的色彩会警示捕食者不要轻易发动攻击，这种警告意味的色彩或信号也就成了一种反捕食的机制。这明显对捕食者和猎物都有益，可以避免双方的潜在伤害。因此成年蓑鲉很少有天敌，然而幼年蓑鲉很容易成为同类相残的牺牲品，也可能被其他大型鱼类捕食。（满馨 译，祝茜 校）

18. TRIOPHA MACULATA MACFARLAND
Dorso-lateral view, about 1.5 times natural size

麦克法兰的海蛞蝓

作者
弗兰克·梅斯·麦克法兰
（Frank Mace MacFarland,
1869—1951）

书名
*Opistobranchiate Mollusca from
Monterey Bay, California and
vicinity. (Bulletin of the Bureau
of Fisheries, v.25, art.3.)*
《加利福尼亚州蒙特利湾及其附近
水域的腹足类软体动物》（渔业局
通报，第二十五卷，第三篇）

版本
Washington: Government
Printing Office, 1906

作者　萨尔瓦多·特林凯塞
（Salvatore Trinchese, 1836—1897）
书名　*Æolididae e famiglie af-
fini del porto di Genova*
《热那亚湾的裸鳃类》（见图 2）
版本　Bologna: Tipi Gamber-
ini e Parmeggiani, 1877－1881

1. 斑点海蛞蝓是一种体形较大
的海蛞蝓，它最长可达 18 厘米。
麦克法兰在蒙特利湾的潮汐池里
首次发现了它。

弗兰克·梅斯·麦克法兰一生致力于裸鳃动物——海蛞蝓的研究。它们中的一些是近岸色彩最绚丽和生态复杂性最高的无脊椎动物。在麦克法兰的研究中，关于加利福尼亚州群落物种丰富度的探索最为深入，1951 年他去世时，已被公认为是软体动物生态多样性研究的专家。

麦克法兰出生于美国伊利诺伊州的森特勒利亚市，1889 年毕业于印第安纳州的迪堡大学（DePauw University）。接下来的 3 年里，他在密歇根州的奥立佛学院（Olivet College）教授生物学和地质学。1892 年，麦克法兰离开了密歇根州，考取了在加利福尼亚州帕洛阿尔托市新成立的斯坦福大学的研究生，并且还在该学校担任讲师。研究生期间，他主要研究的是蒙特利湾（Monterey Bay）及其附近水域的海蛞蝓。《加利福尼亚州蒙特利湾及其附近水域的腹足类软体动物》一书是在他刚进入新成立的霍普金斯海洋生物研究站（Hopkins Seaside Laboratory）时开始着手创作的。霍普金斯海洋生物研究站是大卫·斯塔尔·乔丹在被任命为斯坦福大学校长后创建的（见 211 页）。1893 年，麦克法兰获得硕士学位，即使他的职业让他和学校维持着一定的联系，他还是决定离开斯坦福大学到欧洲的学校去完成他研究生剩余的工作。接下来的几年里，他在苏黎世大学和维尔茨堡大学继续深造，20 世纪初期，他又在那不勒斯的动物学实验站工作了一年。

在那不勒斯动物学实验站工作期间，麦克法兰对裸鳃类动物及其亲缘物种进行了更深入的研究，并且将地中海沿岸物种和加利福尼亚沿岸物种进行了比较。回美国后，他被任命为斯坦福大学细胞组织学（关于细胞和组织的微观结构研究）教授，在此期间，他继续研究海蛞蝓及其结构的解剖。

麦克法兰的妻子奥利弗·霍恩布鲁克·麦克法兰（Olive Hornbrook MacFarland）是他著作的插图画家。麦克法兰著作中许多美妙绝伦的裸鳃类写生代表都出自奥利弗·霍恩布鲁克·麦克法兰之手。图4是麦克法兰夫人作品中最经典、最漂亮的代表作之一，这只斑点海蛞蝓（*Triopha maculata*）的活标本是麦克法兰在蒙特利湾潮汐池里发现的一个新物种。

后鳃亚纲（海蛞蝓、海牛、海兔）是软体动物中高度特化的一大类群，而海蛞蝓是裸鳃类生物中最五彩斑斓、生态多样性最丰富的一类，共有3000多种。这些海洋软体动物外部的壳已经消失、双侧对称、嘴部有一对用来定位的触角。触角后面有一种特殊的棒状嗅觉器官——嗅角。除了触角和嗅角以外，大部分的裸鳃类动物在它们的腹足旁边都有一连串肉质的附属物，高度精美、色彩绚丽的鳃通常排列在身体两侧或者集中在身体后部。

由于缺少贝壳的保护，裸鳃类的防御能力很低，因此它演化出了动物界一类壮观的防御机制。一些种类可以合成有毒化合物，像硫酸，它可以用来抵御捕食者。一些种类可以富集食物（多数是有毒藻类）中的有毒化合物来抵挡捕食者的捕食。也许最典型的防御捕食机制是在以刺细胞生物（水母、海葵、珊瑚、水螅）为食的裸鳃类中发现的。通过一些未知的机制，海蛞蝓可以把从食物中"劫持"来的刺细胞（刺丝囊，见68页）转化为自己的防御机制。

或许，许多裸鳃类都具有鲜明的图案及绚丽的色彩也不足为奇，这正是对潜在捕食者的一种警告。（陈学昭 译，祝茜 校）

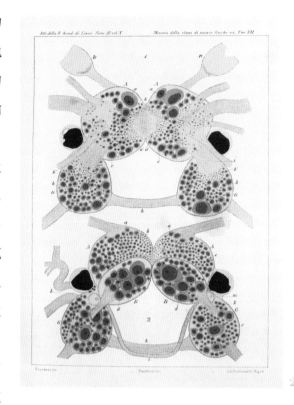

2.

2. 意大利软体动物学家萨尔瓦多·特林凯塞撰写了一部关于意大利那不勒斯海蛞蝓的作品，这部作品为麦克法兰的研究提供了理论基础。该图片展现的是裸鳃类复杂的神经网络，是特林凯塞于1881年发表的。

3. 从上面看这只大海蛞蝓（*Triopha occidentalis*）的鳃丛生于其后背的表面。

4. 波特瑞海蛞蝓（*Felimare porterae*）是麦克法兰发现的另一种色彩绚丽的海蛞蝓，该插图是由奥利弗·霍恩布鲁克·麦克法兰所绘。

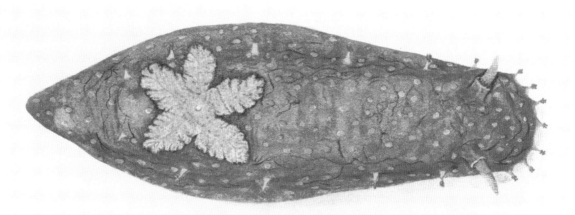

19. TRIOPHA GRANDIS MACFARLAND
Dorsal view, slightly larger than life

A. HOEN & CO., LITH.

3.

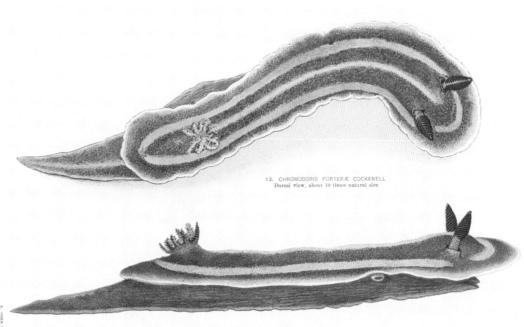

13. CHROMODORIS PORTERÆ COCKERELL
Dorsal view, about 10 times natural size

14. CHROMODORIS PORTERÆ COCKERELL
Lateral view, about 10 times natural size

BULL. U. S. B. F. 1905

PLATE XXVI

A. HOEN & CO., LITH.

4.

$\frac{4}{5}$

海燕：海上生活的鸟

作者

弗雷德里克·杜凯恩·戈德曼
（Frederick DuCane Godman,
1834—1919）

书名

A monograph of the petrels (order Tubinares)
《海燕（管鼻目）专著》

版本

London: Witherby & Co.,
1907-1910

1. 约翰尼斯·赫拉尔杜斯·科尔曼为戈德曼配插图时只看到了鸟类干燥的皮肤，但他的作品却极其生动形象，像这只优雅的灰蓝叉尾海燕（*Oceanodroma furcata*），体态自然，生动活泼。

弗雷德里克·杜凯恩·戈德曼是他所处时代和社会阶层的绅士博物学家的典型代表。他出生于一个富裕家庭，10岁便被送进英国温莎（Windsor）附近的一所寄宿学校。由于身体状况不佳，他又重新回到位于萨里郡哈奇公园（Park Hatch，Surrey）的家，接受家庭教育。尽管体质虚弱，戈德曼还是把他的大部分空闲时间用在户外活动上，他经常在自家庄园的空地上打猎、射击、钓鱼。

戈德曼在哈奇公园时，便开始着手研究当地的昆虫，尤其是蝴蝶和飞蛾，同时还研究鸟类和当地的植物区系。1853年，他考取了剑桥大学三一学院，在那里，他被一些与他一样对博物学充满热情的年轻人所熟知。他和鸟类学家奥斯伯特·萨尔文（Osbert Salvin, 1835—1898）的友谊促使了他们的终身合作。在剑桥，戈德曼和萨尔文经常和其他鸟类爱好者交流，并且策划成立了一个鸟类研究联盟来鼓励人们对鸟类的研究及保护。1858年，英国鸟类联盟（BOU）正式成立，第二年，著名的季刊《鹮》（*Ibis*）开始出版发行。

戈德曼的巨额财产使他能够不用工作也能环游世界，去追求他的科学爱好。1861年，他加入了萨尔文在中美洲的旅行，他们和萨尔文的妻子一起在危地马拉（Guatemala）、牙买加（Jamaica）和伯利兹（Belize）展开了探险。旅行中，由于身体原因，戈德曼不得不离开他的朋友回到英国。直到1876年，萨尔文和戈德曼开始了撰写中美洲动植物区系的雄伟计划。他们收集了大量的标本，同时戈德曼也出资购买了许多标本。萨尔文和戈德曼收集的大部分标本，包括 8 万只鸟类的标本，都捐赠给了英国自然博物馆，并在 1879—1915 年，发表了包括深具影响力的《中美洲生物学》（ *Biologia Centrali-Americana* ）在内的 63 部著作。

1898 年，萨尔文的去世对戈德曼来说是一个沉重的打击，他视萨尔文为亲兄弟，萨尔文将未完成的工作也留给了戈德曼。除了完成《中美洲生物学》的撰写外，戈德曼还要着手《海燕（管鼻目）专著》一书的创作。在序言中，戈德曼提到，他和萨尔文收集了大量的海燕标本，以期能够创作出一部关于海燕的专著，来填补有关这种鸟类的研究空白。著名的荷兰插图画家约翰尼斯·赫拉尔杜斯·柯尔曼斯（ Johannes Gerardus Keulemans，1842—1912 ）受戈德曼委托，给这部书制作插图的印刷版，戈德曼则负责完成他朋友遗留下来的这部专著的文字部分。他承认他并不是海燕的分类学专家，如果不是答应协助英国自然博物馆鸟类藏馆馆长理查德·鲍德勒·夏普（ Richard Bowdler Sharpe，1847—1909 ），他不会冒失地承担这么艰巨的任务。在夏普的帮助下，戈德曼完成了这部著作，并且委托夏普的两个女儿为柯尔曼斯的插图上色。该著作共出版了两卷，一卷是在 1907 年，另一卷是在 1910 年。不幸的是，夏普并没有亲眼看见第二卷的出版，1909 年冬天，他因肺炎去世，离第二卷的出版仅差几周。

1919 年 2 月，戈德曼在家中安详地去世了。作为维多利亚时代博物学的领军人物，戈德曼被选举为英国皇家学会会员，并担任英国博物馆负责人。并且在此期间获得了羡煞旁人的林奈学会金奖。1896—1913 年，戈德曼担任第三任英国鸟类学家联合会会长，在他去世后，联合会设立了鸟类学研究中的最高荣誉——戈德曼–萨尔文奖。这个荣誉把戈德曼和他的挚友萨尔文的名字永远地连在一起，这也许是对戈德曼来说最大的欣慰。

海燕是一种真正的大洋性鸟类——一生都在海上生活，仅在繁殖时回到陆地。它隶属于鹱形目（先前被称为管鼻目），因其管状鼻的解剖学特征，通常被称为管鼻类。管鼻类中，海燕被分为两大主要的类

2. 风暴海燕（ *Hydrobates pelagicus* ）体型小，尾呈方形，飞行模式类似蝙蝠。由于其经常与恶劣的天气相关，所以曾被水手看作是不祥的预兆。

3. 灰鹱（ *Puffinus griseus* ）因其深色的翅膀而得名，常群聚于鸟巢中。雌鸟在杂草丛生的巢穴中产下一枚卵，幼鸟在羽翼丰满之前也可以通过这种巢穴得到保护。在新西兰，作为羊肉鹱的一种，其幼鸟常被毛利人捕捉以获取它们的肉和油。

2.

3.

THALASSOGERON SALVINI

4.

群：风暴海燕和剪水鹱。第三种类型的管鼻类是信天翁，虽然严格意义上来说它不属于海燕，但却接近海燕。

插图里的风暴海燕像灰蓝叉尾海燕（*Oceanodroma furcata*）一样优雅，风暴海燕是体型最小的海鸟，体长在 12～15 厘米。风暴海燕因其喜欢在恶劣天气中随船只背风翱翔而得名。尽管风暴海燕体型较小，却可以徜徉在大洋表面，只有捕食时盘旋在海水表面，通常它们以海水表面的小型鱼类与甲壳类幼虫为食。风暴海燕极其适应海洋生活，尽管它们拥有很长的腿，但这并不足以支撑它们在陆地上长期行走。

剪水鹱体型较大，其剪式飞行可以减少能量的消耗。一些种类的剪水鹱是长距离迁徙的候鸟，比如灰鹱，通常每天至少飞行 500 千米。与风暴海燕不同，剪水鹱是潜水捕食者，它们经常捕食 60 米甚至更大

4. 萨氏信天翁（*Thalassarche salvini*）常被称为"大海鸟"或小信天翁，其翼展可达 2.5 米，是为纪念奥斯伯特·萨尔文而被命名为萨氏信天翁的。这种美丽的海鸟广泛分布于南大洋，仅在捕食时降落到孤立的岩石岛上。

水深的鱼和鱿鱼。它们也经常在海水表面捕食，或者跟随船只和鲸类，来获得食物碎屑。剪水鹱的寿命很长，有些物种的寿命可长达55年。

信天翁是鸟类中体型最大的一类，比如皇家信天翁（*Diomedea regia*）双翅打开可达3.7米。目前，南半球已鉴定出21种信天翁。像剪水鹱一样，信天翁也是长距离迁徙的候鸟，捕食海水表面的鱿鱼、鱼以及甲壳类。信天翁具有返回出生地繁殖的天性，一些种类的孵化地与繁殖地的平均距离可短至21米。（陈学昭 译，祝茜 校）

1

3/1

深入研究的深海鱼类

作者
奥格斯特·布劳尔（August Brauer, 1863—1917）

书名
Die Tiefsee-Fische (Wissenschaftliche Ergebnisse der Deutschen Tiefsee-Expedition auf dem Dampfer "Valdivia" 1898–1899, Bd. 15)
(The deep-sea fishes)[Scientific results of the German Deep-Sea Expedition, on the steamer "Valdivia" 1898–1899, vol. 15]
《深海鱼类》（《1898—1899 年德国深海探险队"瓦尔迪维亚号"的科学成果》，第十五卷）

版本
Jena: Gustav Fischer, 1908

1. 尽管长相很凶猛，但大部分深海鱼类的个体都很小，例如这只雌性约氏黑鲸鮟鱇（*Melanocetus johnsonii*），它的体长不超过 20 厘米。

卡尔·弗里德里希·克森（见 197 页）于 1898—1899 年率领德国深海探险船队开展的深海科考，奠定了德国在飞速发展的深海海洋科学领域的前沿地位。克森组建了一个优秀的航海团队，乘坐"瓦尔迪维亚号"调查船出海调查取样、记录、研究海洋生物和海洋生境，来探索那个浩瀚而又知之甚少的海底世界。这次探险取得了巨大的成功，获得了数之不尽的新发现，汇编成整整 24 卷。其中，奥格斯特·布劳尔在 1908 年编写的第十五卷——《深海鱼类》的影响最为深远。书中布劳尔所描述的很多深海鱼类都是瓦尔迪维亚号航海调查过程中首次发现的。该书被公认为是深海鱼类著作的开篇之作，同时也是现代深海鱼类研究不可多得的参考文献。

布劳尔出生于德国下萨克森州（Lower Saxony）的奥尔登堡（Oldenburg），他是家里面九个孩子中最小的一个。他父亲是一名成功的商人，但布劳尔从小就热爱自然科学，并在 19 岁时离开了奥尔登堡赶赴柏林和波恩的弗莱堡大学（University of Freiburg）就读。布劳尔于 1885 年毕业于波恩，毕业论文研究的是有纤毛的单细胞真核生物。服完兵役后，布劳尔在一所高中教了一段时间的书，之后去了柏林的动物学会担任助理。在的里雅斯特市（Trieste）考察学习了鳃足虫（brine shrimp）的演化后，布劳尔被派往马尔堡大学（University of Marburg）任讲师。

布劳尔在动物学方面的研究兴趣广泛。1894 年，他在偏远的印度洋塞舌尔（Seychelles）海域的马埃岛（Island of Mahé）花了 8 个月的时间采集标本，研究岛上的两栖类和爬行类动物（amphibians and reptiles）。1898 年，克森邀请布劳尔加入了瓦尔迪维亚号科考队并雇佣他承担了一项艰巨的任务——记录归档沿途所采集的深海鱼类标本。虽然此前不清楚究竟布劳尔以往的鱼类学研究经验究竟是否足以使他在瓦尔迪维亚号上胜任那份极为重要的工作，但他做得很好，可见克森是多么的有先见之明。布劳尔与船上的艺术家兼科学测图员弗里茨·温特很合得来，他认为温特是一个非常杰出的艺术家，并且是一个很有天赋的动物学观察员。

布劳尔清楚地认识到，逼真而又精确地描述出他所调查发现的那些稀奇古怪的鱼类是多么的重要。这份工作很辛苦，而且随着捕捞深海鱼类的增多，想要捕到再多一些的深海鱼类变得越来越困难，这往往令人沮丧。当研究人员开始在深海部署复杂的挖泥器械进行疏浚作业时，人们发现这对于捕捞深海海底的深海鱼类完全没有用处。尤其是当布劳尔一行在航行至南极洲附近，在水下 4 800 ～ 6 100 米进行挖泥疏浚作业来捕捞深海鱼类时，他们因为没能捕捞上来样本而失望透顶。但令人欣慰的是，他们以一个新发现的、水深 1 000 ～ 4 000米的、辽阔而又完全黑暗的远洋深层带为依托，成功组建了一个具有离奇外观的鱼类标本库。克森的研究发现，这个庞大的海洋生物群落之中，浮游生物和头足类的生物种类极为丰富，而布劳尔可以肯定的是，这个状况对于鱼类而言也同样适用。

1899 年，布劳尔回到了马尔堡，为《深海鱼类》撰写了两章内容，一章是关于深海鱼类的系统发生，另一章是关于深海鱼类的解剖学结构。这两章于 1908 年公开出版后，布劳尔声名鹊起。之后，在克森的推荐下，他出任位于柏林的自然博物馆理事。任职期间，布劳尔做到了一个强有力的管理者和融资高手所能做到的所有事情。在他的领导下，博物馆扩大了馆藏范围，不仅收藏了该航次德国深海考察所获得的大部分动物标本，同时也收藏了许多当代其他德国探险考察得来的标本。

2. 大眼黑巨口鱼（*Melanostomias melanops*）（巨口鱼科 Family Stomiidae）硕大的头部标本向我们展示了它使用下颌上的触须进行发光的细节，同时它在眼后面还有一个"闪光灯"可用于发出生物荧光。生活在深海黑暗处的长有触须的龙鱼类也具有多种可以发出生物荧光的结构。

3. 在这一节中，布劳尔描绘了亲缘关系较远但又有些联系的两个科，分别是巨尾鱼科（Giganturidae）的巨尾鱼（*Gigantura chuni*）、后肛鱼科（Opisthoproctidae）的后肛鱼（*Opisthoproctus soleatus*）和望远冬肛鱼（*Winteria telescopa*）。这些鱼类在独立进化的过程中已经改变了很多。有的进化出了管状眼以适应微光环境，有的则向着产生生物荧光的方向进化。

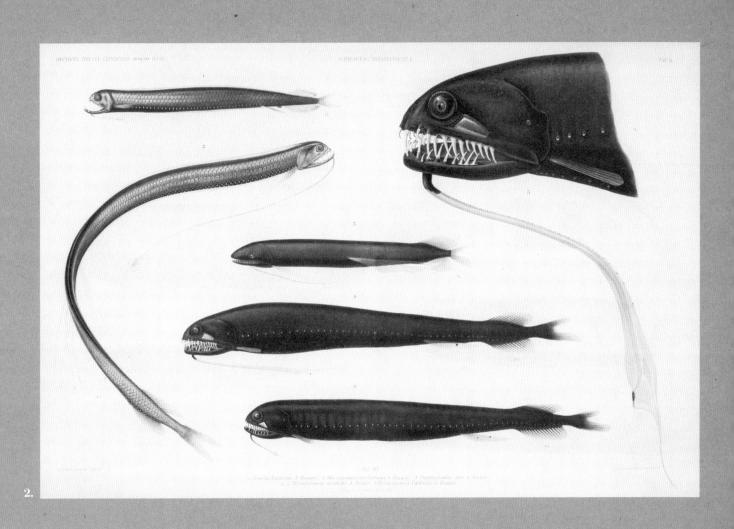

Taf. III.

1. Stomias Valdiviae A.Brauer; 2. Macrostomias longibarbatus A.Brauer; 3. Bathyophis ferox A.Brauer;
4.5. Melanostomias melanops A.Brauer; 6. Photonectes dinema A.Brauer.

2.

尽管大部分时间都被行政事务所缠身，但布劳尔还是没有放弃他在深海鱼类方面的研究。他经常会发表一些研究成果，都是有关蹄兔目（Hyraxes）和一系列共 19 部分的德国淡水鱼类的内容。 继 1914 年克森去世后，布劳尔继任《1898—1899 年德国深海探险队"瓦尔迪维亚号"的科学成果》的编辑。

　　1917 年 9 月，布劳尔和他妹妹旅行归来后胸痛发作。他的医生要求他卧床休息。但不幸的是，几天后人们发现他在工作中去世，至死手中还握着一本书。布劳尔年仅 54 岁时的突然辞世，让柏林博物馆的同事们都感到非常惋惜。在布劳尔的追悼会上，他之前在瓦尔迪维亚号上结识的朋友恩斯特·万赫芬为他写了悼词，陈述了布劳尔对博物馆的贡献，并转达了布劳尔想要捐赠他的个人图书馆和个人遗产给他所钟爱的博物馆的意愿。

　　直到 19 世纪中叶，人们对于日光无法照射到的深海知之甚少。当时，一般认为，在没有光照并且压力如此巨大的条件下，水下 600 米以下不会再有生物存活了。这种深海无生命的假说在科学家开始在越来越深的海水取样研究之后变得再也站不住脚了。到 1861 年，深海中是有生命存在的确切证据被发现。人们在维修地中海水下 2000 米深处的海底电缆时，发现电缆表面包裹了一层软体动物和珊瑚。海底深处有生命存在的事实一经证实，接下来的大量工作就是确定深海生物在整个海洋中的自然属性及其分布。从这个层面上来说，布劳尔的杰出贡献就显而易见了。他一手构建了丰富的深海鱼类区系在全球范围内的分布。他详细的解剖学研究也揭示了这些深海生物在环境光强降低甚至光强为零的环境下是如何作出适应性改变的。有些深海生物还能通过多种多样的方式使得其自身能够发出生物荧光。(闫士华 译，祝茜 校)

来自地狱的吸血鬼鱿鱼

作者

路易斯・茹班（Louis Joubin, 1861—1935）

书名

Résultats des Campagnes Scientifiques accomplies sur son yacht par Albert 1er Prince Souverain de Monaco. Fascicule LIV Céphalopodes provenant des Campagnes de la Princesse-Alice (1898–1910)

(Results of the scientific expeditions of Albert 1st, Sovereign Prince of Monaco on his yacht. Issue LIV Cephalopods from the expeditions of the Princess Alice [1898–1910])

《摩纳哥亲王艾伯特一世游艇科考成果汇编。"爱丽丝王妃"号头足类动物科考成果（1898—1910）》

版本

Monaco: Imprimerie de Monaco, 1920

1. 尽管幽灵蛸长相很奇怪，名字也不吉利，但这种温顺的深海软体动物却是现存已知的仅有的不是食肉性动物的八腕类软体动物。

法国生物学家路易斯・茹班发表了很多关于海洋无脊椎动物的文章，但他最知名的却是对鹦鹉螺、乌贼、章鱼、墨鱼等头足类动物的研究。在19世纪80年代早期，茹班分别担任法国位于罗斯科夫（Roscoff）和巴纽尔斯滨海（Banyuls-sur-Mer）两个知名海洋研究工作站的主管（见142页）。后来，他又到雷恩大学（University of Rennes）当了一名讲师。

作为当时科学界的领军人物，茹班被推举为久负盛名的法国动物学会的会长，并在1906年被任命为巴黎自然博物馆软体动物、蠕虫类、植虫类动物的主管。同一年，摩纳哥亲王艾伯特一世任命茹班监管他在巴黎新成立的海洋地理学会中动物学方面的事务。

海洋地理学作为一门新兴的学科，在早期建立的过程中，摩纳哥亲王艾伯特一世或许比当时19世纪的任何一个人作出的贡献都多。在大量资金的资助下，艾伯特委托打造了一系列越来越复杂精密，并且科学仪器装备精良的游艇用于科学考察。在当时海洋生物学诸多领军人物的帮助下，艾伯特领导了许多科学考察，在全世界范围内采集标本、绘制海图、进行深海挖泥取样。1899年，艾伯特亲自为摩纳哥海洋地理博物馆奠基。这个坐落于落基山峭壁上眺望地中海的博物馆的里面拥有展览用的水族箱和恢宏的图书馆，在后世变得声名远扬。

茹班的科学研究在很大程度上都是在艾伯特亲王慷慨的资助下完成的。茹班在他工作的就职典礼上，对他尊敬的亲王殿下、法国研究协会成员艾伯特一世致以最诚挚的感谢。感谢艾伯特对他的信任，感谢艾伯特在这 20 多年所给予的帮助。这篇发表于 1920 年的研究成果是茹班整理的关于头足类软体动物的最后一章研究报告。里面涉及的内容来自艾伯特亲王的游艇之一——"爱丽丝王妃号"（Princesse-Alice）在 1898—1910 年所采集的数据。在这些研究成果中，茹班描述了大量高度分化的深海八腕类动物，其中茹班认为有许多物种是科学界的首次发现。有一种奇异的头足类动物引起了茹班的兴趣，它是一种奇怪的具有鳍的八腕类动物。全身漆黑，具有大大的红色眼球，背上还有两个位于那一对鳍附近的、突出的可以发光的器官。

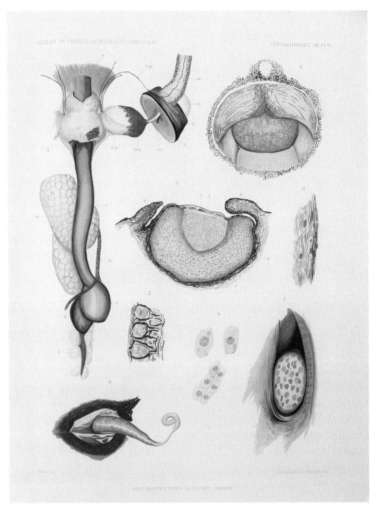

2. 这张图描绘了茹班解剖的一个幽灵蛸标本的发光器官的细微结构。

　　1912 年，茹班给了这个奇怪生物一个正式的描述，并命名为闪耀黑鱿鱼（*Melanoteuthis lucens*）。然而，直到 1920 年当他再一次就自己感兴趣的动物做报告的时候，他显然还不知道与他同时代的德国同行卡尔·克森（见 197 页）的研究结果。早在 1903 年的时候，克森就已经发表过了一个跟茹班发现的很相似的深海八腕类生物，克森将之命名为幽灵蛸，意思是"来自地狱的吸血鬼鱿鱼"。随着越来越多的这种奇怪的头足类动物标本可以用于科学研究，人们发现茹班所说的闪耀黑鱿鱼其实就是幽灵蛸。

　　因为克森在 1903 年对幽灵蛸的描述比茹班的早，所以幽灵蛸的名字被保留了下来。而茹班所命名的闪耀黑鱿鱼在当下被看作是幽灵蛸的同物异名。所以考察船上的艺术家万斯科女士（Miss Vesque）根据当时刚捕捞上来时的活体鱿鱼而作的水彩画，被后人当作幽灵蛸的

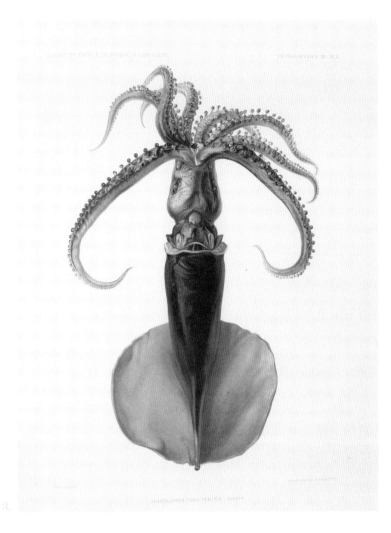

图解使用。

不论是鱿鱼、章鱼还是幽灵蛸都属于一种叫作蛸亚纲的头足类软体动物。这一类生物的鉴别特征是没有外壳、在喙状嘴的周围有臂状结构。尽管现在对蛸亚纲头足类动物的不同物种之间的关系还没有定论，但吸血鬼鱿鱼，虽然现在还称之为鱿鱼，但实际上吸血鬼鱿鱼更接近于章鱼，而不是鱿鱼或者乌贼。

世界范围内共有 200 多种章鱼，但已知的吸血鬼鱿鱼只有一种。现已发现，吸血鬼鱿鱼广泛分布在温带和热带海洋中水下 600 ～ 900 米的水域中。具有讽刺意味的是，我们现在知道吸血鬼鱿鱼不仅不是鱿鱼，同时也不是吸血鬼。事实上，幽灵蛸是现存已知的仅有的一种非肉食性的头足类

3. 这种漂亮的彩绘的鞭乌贼（巨大鞭乌贼 *Mastigoteuthis magna*）是由茹班首次描绘的，样本是"爱丽丝王妃号"在航海过程中深海拖网所捕获的。

动物。幽灵蛸其实是以上层海水中的各种海洋生物体的排泄废物为食。这些吸血鬼鱿鱼会使用多个"手臂"所分泌的黏液来捕获这些"海洋中的雪"，然后将这些"雪花"制成食物球送到口中消化。（闫士华 译，祝茜 校）

致谢

撰写此书对我来说既是一个愉快的过程又是一次自我教育，因此我要感谢很多人。首先，我要感谢耐心的图书馆员工们，长期陪伴我徜徉于博物馆的稀有藏书馆中，帮我搜寻有用的书卷。安妮特·斯普林格（Annette Springer）、格雷戈里·拉姆奥（Gregory Raml）和戴安娜·施（Diana Shih）慷慨地贡献了他们的时间，芭芭拉·罗兹（Barbara Rhodes）不仅教会我如何处理那些珍贵的书籍，并且在长达数小时的摄影中，一直耐心地保护它们。芭芭拉那篇关于书籍保护的重要性和复杂性的文章，亦使我受益匪浅。

在这篇对图书管理员的赞歌中，我要表达对马伊·尕勒莽·莱特迈尔（Mai Qaraman Reitmeyer）的深厚感激之情。马伊是专业精神的缩影，他博学而慷慨，在他的帮助下我的作品有了大幅度的提高。当然，我还要感谢图书馆的主管汤姆·拜恩，不仅因为他调动图书馆的员工来满足我的每个请求，也感谢他在整个过程中给我热情的指导和鼓励。

本卷的核心就是那些精美的图片，为此我十分得益于罗德里克·米根思（Roderick Mickens）的高超摄影技术。和罗德里克一起工作非常开心，他为我拍下每张图片，即使在灼热的灯光下用相机镜头对焦长达好几个小时，他也仍是精神抖擞。

在美国自然博物馆工作期间，我还要感谢艾利克斯·纳维斯（Alex Navissi）、威尔·拉克（Will Lach）和莎仑·斯托尔伯格（Sharon Stulberg），他们做了很多工作，使我能够及时完成这本书。另外非常感谢我的编辑约翰·福斯特（John Foster）。在整个过程中，他对我的指导很大地提升了我作品的科学准确性和美观性。我还要感谢出版社克里斯·汤普森（Chris Thompson）的美术指导、金妍（Yeon Kim）的设计、贝特西·贝尔（Besty Beier）的编辑指导以及萨尔·德斯特罗（Sal Destro）的制作。

还有很多朋友和同事给了我无数次帮助，从翻译到科学性地解读，感谢他们的投入和建议。他们是丽塔·艾维斯（Lita Elvers）、克里斯丁·马太（Christine Matthei）、约翰·梅西（John Maisey）、保罗·斯威特（Paul Sweet）以及萨斯基亚·克洛德海士（Saskia Grotenhuis）。

最后但同样重要的是，感谢我的妻子杰基·布莱克（Jackie Black）。她的点评、明智的建议和不知疲倦的支持，使我能够安然愉快地度过每个截稿期。

感谢你们所有人。

推荐阅读

《伟大的水域：大西洋海峡》

Cramer，Deborah (2001).*Great water: An Atlantic Passage*. NY: W.W. Norton & Compny.

《世界海洋调查：海洋生命的环球考察》

Crist, Darlene, Gail Scowcroft, and James Harding (2009). *World Ocean Census: A Global Survey of Marine Life*. Richmond Hill, Canada: Firefly Books.

《海洋：揭示世界上最后的蛮荒之地》

Dinwiddie, Robert, Philip Eales, Sue Scott, et al. (2008). *Ocean: The World' s Last Wildness Revealed*. London: Dorling Kindersley.

《海洋国家地理图集：深海前沿》

Earle, Sylvia (2001). *National Geographic Atlas of the Ocean: The Deep Frontier*. Washington, D.C.: National Geographic.

《深海：深渊中的超常生物》

Nouvian, Claire (2007). *The Deep: The Extraordinary Creatures of the Abyss*. Chicago, IL, University of Chicago Press.

《海洋的非自然史》

Roberts, Callum (2007). *The Unnatural History of the Sea*. Washington, D.C.: Island Press.

《海洋博物学家：从丹皮尔到达尔文，科学的旅行者们》

Williams, Glyn (2013). *Naturalist at Sea: Scientific Travelers from Dampier to Darwin*. New Haven, CT: Yale University Press.

图书在版编目（CIP）数据

伟大的海洋 / （美）梅拉尼·L.J. 斯蒂斯尼
(Melanie L. J. Stiassny) 著；祝茜等译 . -- 2 版 . --
重庆：重庆大学出版社，2023.6
书名原文：Opulent Oceans
ISBN 978-7-5689-3848-8

Ⅰ . ①伟… Ⅱ . ①梅… ②祝… Ⅲ . ①海洋 – 普及读
物 Ⅳ . ① P7-49

中国国家版本馆 CIP 数据核字 (2023) 第 058386 号

伟大的海洋（第2版）
WEIDA DE HAIYANG

［美］梅拉尼·L. J. 斯蒂斯尼　著
祝茜　等译

策划编辑　王思楠
责任编辑　陆　艳
责任校对　刘志刚
装帧设计　武思七
责任印制　张　策
内文制作　常　亭

重庆大学出版社出版发行
出版人　饶帮华
社址　（401331）重庆市沙坪坝区大学城西路 21 号
网址　http://www.cqup.com.cn
印刷　重庆升光电力印务有限公司

开本：889mm×1194mm　1/16　印张：16.25　字数：270千
2023年6月第2版　2023年6月第6次印刷
ISBN 978-7-5689-3848-8　定价：98.00元

版贸核渝字〔2015〕第236号